假如你有
动物的
身体

人体示范动物图鉴

【日】川崎悟司 著

李筱砚 译

长江出版传媒　长江文艺出版社

图书在版编目（CIP）数据

假如你有动物的身体：人体示范动物图鉴 / （日）
川崎悟司著；李筱砚译. -- 武汉：长江文艺出版社，
2022.6（2022.10 重印）
　ISBN 978-7-5702-2504-0

　Ⅰ. ①假… Ⅱ. ①川… ②李… Ⅲ. ①动物—青少年
读物 Ⅳ. ①Q95-49

　中国版本图书馆 CIP 数据核字（2022）第 023547 号

UMA WA IPPON NO YUBI DE TATTEIRU! KURABERU KOKKAKU DOBUTSU ZUKAN
by Satoshi Kawasaki, supervised by Masato Obuchi
Copyright © 2019 Satoshi Kawasaki
All rights reserved.
First published in Japan by SHINSEI Publishing Co., Ltd., Tokyo.

This Simplified Chinese edition published by arrangement with
SHINSEI Publishing Co., Ltd., Tokyo in care of Tuttle-Mori Agency, Inc., Tokyo
through Pace Agency ltd., Jinangsu Province.

假如你有动物的身体：人体示范动物图鉴
JIARU NI YOU DONGWU DE SHENTI : RENTI SHIFAN DONGWU TUJIAN

图书策划：陈俊帆

责任编辑：杨　岚　刘　洋　　　　　责任校对：毛季慧

封面设计：天行健设计　　　　　　　责任印制：邱　莉　胡丽平

出版：长江出版传媒　长江文艺出版社

地址：武汉市雄楚大街 268 号　　　　邮编：430070

发行：长江文艺出版社

http://www.cjlap.com

印刷：湖北恒泰印务有限公司

开本：640 毫米×970 毫米　　1/16　　　　印张：9

版次：2022 年 6 月第 1 版　　　　2022 年 10 月第 2 次印刷

定价：45.00 元

推荐序

地球历史上最早出现的动物，身上并没有骨骼；现代动物中仍然有些成员身上没有骨骼。然而，我们所熟悉的身边动物，一般都具有骨骼：像螺、蚌、螃蟹和虾等无脊椎动物，身上披有外骨骼，我们称之为外壳；而所有的脊椎动物（鱼、蛙、蛇、鸟和人类等）的骨骼都在体内，因此又称作内骨骼。本书介绍的则是后者——脊椎动物骨骼。

发生在大约 5.4 亿年前的"寒武纪生命大爆发"，是生命演化史上最重要的篇章之一，自那以后，细胞渐渐地在动物体内制造了骨头、并在躯干上制造了鳍——海洋里出现了最早的鱼形动物。这类鱼形动物是所有脊椎动物的祖先。脊椎动物的骨骼系统不仅支撑着身体，而且使其能够游、走、跑、飞，运动自如。更重要的是，骨头还是动物身体储存钙等矿物质的"仓库"，这些矿物质是身体必需的营养素。可以说，没有骨头的出现，也绝不会演化出包括人类在内的所有脊椎动物！

18 世纪著名法国解剖学家、动物学家居维叶创立了脊椎动物比较解剖学，而功能形态学也曾是 20 世纪生物学研究的热点领域之一。本书的内容涵盖了上述两个重要的生物学分支学科，十分丰富多彩。更为可贵的是，本书作者巧妙地把脊椎动物比较解剖学与功能形态学结合起来，通过列举脊椎动物身上各种有趣例子，对其进行简要的骨骼解析，从而解释了动物身上这些看似奇奇怪怪的特征和现象，却又是生物对环境适应的结果，背后有着生物演化（自然选择）的强力"推手"。

为此，作者还特意在每一章的后面加上"进化的故事"，专门就人类由鱼类演化而来、鸟类是恐龙的嫡传后裔、人类身上的残迹器官之———尾椎骨的来源以及人类的牙齿为什么会是二出齿等有趣话题，进行了深入的讨论。

作者川崎悟司是我的日本同行、著名古生物学家，他的科普创作具有脑洞大开、深入浅出、风趣幽默、图文并茂、科学严谨等鲜明特色，实为日本新一代科普作家中的翘楚。因此，我诚意向大家推荐《假如你有动物的身体》一书，深信你们一定会像我一样喜欢上书中酷毙且可爱的"寸头泳裤大叔"——一位脊椎动物比较解剖学与功能形态学的超级模特。

著名古生物学家　苗德岁

前言

　　支撑人类身体的骨骼由 200 多根大小不同、形状各异的骨头构成。日常生活中，我们会吃东西、散步、拧水龙头，做各种各样数不清的动作。这些我们不经意间做出的动作，其实与人体骨骼中 200 多根骨头的构造密切相关。

　　那么，人类以外的其他动物如何呢？它们过着和人类完全不同的生活，所做的动作自然也不相同。蝙蝠在空中飞翔，鼹鼠在地下挖洞，鲸鱼在海里游泳，它们的骨骼结构长成了方便它们各自生活的样子，所以与人类的不同。

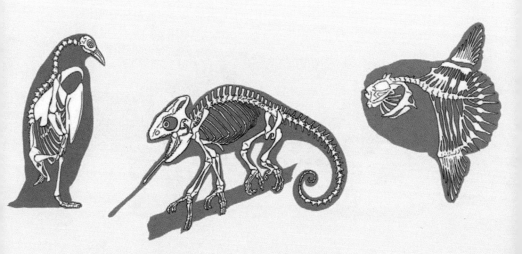

例如，在人类手臂的骨骼结构中，手腕是可以转动的。多亏了这样的骨骼构造，人类才能很方便地手持勺子或筷子将食物运送至口中。然而，马的前腿相当于人类的手臂，主要用来奔跑，所以它们不需要转动手腕。如果马的脚踝能转动，反而可能会让它们崴脚摔倒。

如上所述，本书将通过比较人类和其他动物的骨骼构造，来揭示这些动物们身上的秘密。

川崎悟司

※ 本书中就动物的"前腿"和"手"做如下区分：用于步行时称"前腿"，用于抓取物体或投掷时称"手"或"手臂"。

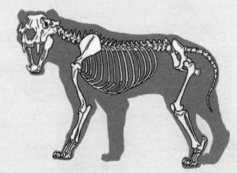

目录

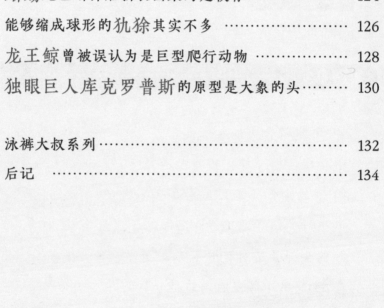

第一章

走 · 跑

企鹅坐着
一把空气椅子

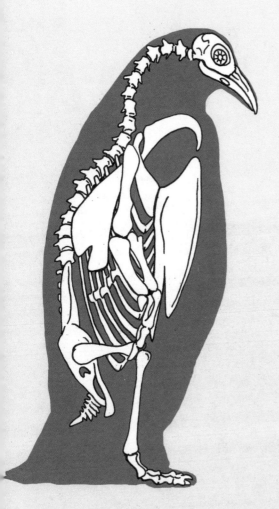

噗

噗

骨骼解析

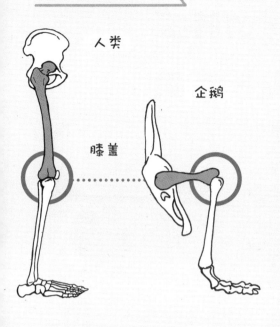

人类

企鹅

膝盖

企鹅的膝盖在肚子里呈 90 度弯曲

企鹅的腿很短，走路时东倒西歪。然而，观察它们的骨骼构造我们可以发现，**企鹅的身体内部竟然藏了一双长长的腿，它们好像一直坐着一把"空气椅子"。**

其实，大多数鸟类在从恐龙进化而来的过程中，膝盖都弯曲成了 90 度。其中，舍弃了天空，**选择在海中遨游的企鹅为了方便游泳，让自己的身体进化成了流线型**，结果就变成了如今身体直立的姿势。顺带一提，因为这种站姿很像人类，所以日语中企鹅也有"人鸟"的别名。

但是，企鹅的双腿在地上行走很不方便。因此，当企鹅想在地上快速移动时，不用腿，而用腹部贴在冰面上滑行。

> **企鹅（鸟纲企鹅目企鹅科所有动物的统称）**
> 生活在南半球的海鸟。虽然属于鸟类，但不会飞。有阿德利企鹅、帝企鹅、洪堡企鹅等品种。

注 在空中飞翔的鸟类为了让身体更轻，骨头内部是空洞的。但是企鹅不同，它们为了能潜入海里，提高了骨头的密度，增加了身体的重量。

红鹳的膝盖
其实是脚后跟

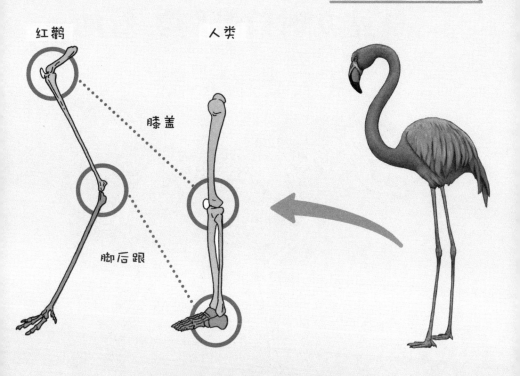

红鹳　　　　人类

膝盖

脚后跟

红鹳的腿反向弯曲也不会受伤

红鹳（又称火烈鸟）又长又细的腿很有魅力。它们生活的环境很特殊，通常栖息在盐湖或碱性湖泊内，日本各地的动物园内也有饲养。**在动物园经常能听到游客说："它的腿关节弯到反面去了。"**其实不必担心，红鹳这样做既不是受伤也不是生病。

我们以为是红鹳膝盖的部位其实是它的脚后跟。不只红鹳，大多数的鸟类大腿骨都很短。因此膝盖和大腿部位都被埋在了羽毛之中，从外部很难看见。可能红鹳因为腿特别长，所以这一特征才特别突出。

> **红鹳（鸟纲红鹳目红鹳科动物的统称）**
> 一种脖子和腿很长的水鸟。通常栖息在盐湖或碱性湖泊中。有加勒比海红鹳、智利红鹳等品种。

注 据说红鹳单腿站立时比双腿站立时更能保持平衡，所以它们在睡觉时也保持单腿站立的姿势。即使已死亡，红鹳也能不靠任何支撑单腿站立。

狗站立时总是脚尖着地

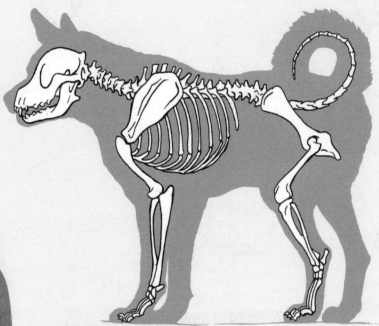

什么时候喊
『预备，跑！』
的口令？！

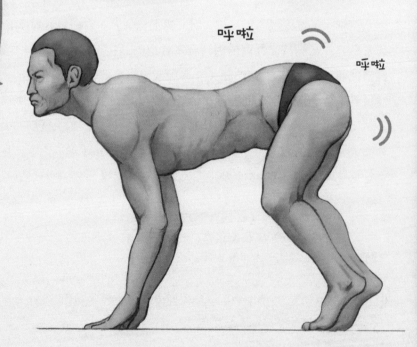

呼啦

呼啦

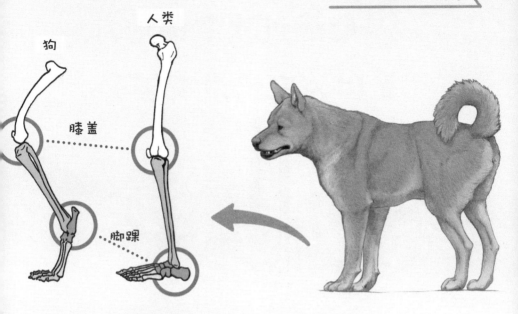

狗　人类

膝盖

脚踝

狗用脚尖站立是为了能迅速出动

　　观察狗的骨骼可以发现，它们站立时总是抬起脚后跟，脚尖着地。也就是说，它们通常用脚指头的力量支撑起自己的全部体重。这个姿势对人类而言很辛苦，但对于狗来说却很方便。采用脚尖站立姿势后，它们的腿会拉长，肌肉和肌腱的弹簧效应也能更充分发挥。它们也因此可以安静且迅速地行动。

　　像狗这样行走时脚尖着地的动物称作"趾行动物"。不仅狗是这样，狼、狮子等总是悄悄靠近并追捕猎物的肉食动物几乎都是"趾行动物"。据说人类在奔跑时如果脚趾部分先着地，速度也会很快。另外，人类不发出脚步声安静行走时，也是脚尖着地。

> 狗（哺乳纲食肉目犬科动物灰狼品种改良后的家畜的统称）
> 　品种众多，被世界犬业联盟认证的约 340 种。包含非正式认证的在内，共有 700~800 个品种。

注　狗的爪子按形状不同可分为三类。脚趾小又圆的称为"猫形爪"；如果四根脚趾中间两根较长，则称为"兔形爪"；如果脚趾与脚趾之间有蹼，则称"鸭形爪"。

猫能通过狭窄的地方
是因为它们没有锁骨

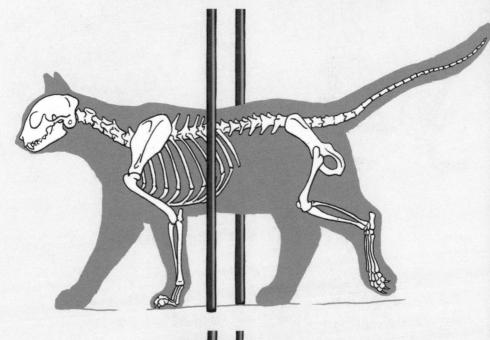

咔叽

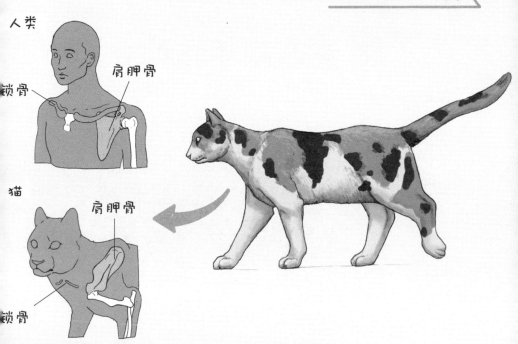

人类

锁骨

肩胛骨

猫

肩胛骨

锁骨

只要头能进，哪儿都能进

对于猫而言，不管多小的缝隙，只要头能通过，那么任何地方都能轻松穿过去。我们人类如何呢？人类的锁骨发育得很长，不仅支撑起了肩膀，还连接起了胸骨和肩胛骨。锁骨一长，肩膀也随之变得很宽，所以即使人的头部通过了狭窄的缝隙，宽阔的肩膀也会被卡住。

然而，猫和人类不同，它们四条腿走路，手脚只需前后方向运动，所以它们的锁骨不断退化，现在仅剩一小块而已。猫的锁骨不仅变小了，而且还不与胸骨和肩胛骨相连，所以它们能够自由改变肩宽。

因此，猫即使在狭窄的地方肩膀也不会卡住，可以顺利进入空间内部。

> 猫（哺乳纲食肉目猫科动物非洲野猫品种改良后的家畜的统称）
> 现在宠物猫的种类约有 70 种。起源于被人类驯化的非洲野猫。

注 狗和猫一样也是四条腿走路的动物，但狗的锁骨已完全消失，而猫还保留有一点锁骨，所以猫能够爬树。豹子的锁骨也已完全退化消失。

牛靠两根手指站立

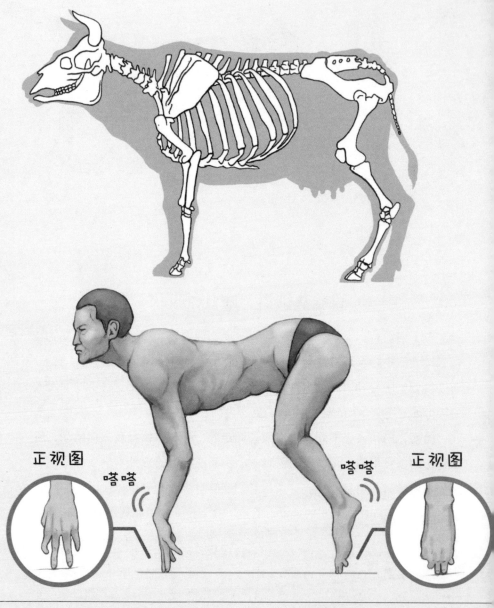

正视图　嗒嗒　　　嗒嗒　正视图

注　牛的肋骨数为13对。

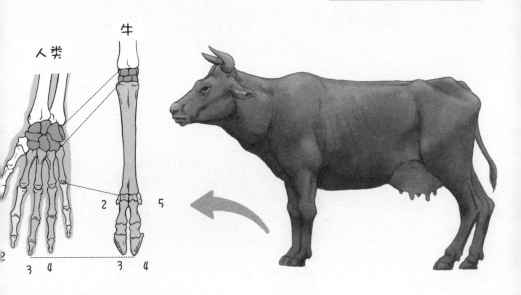

人类　牛

2　5

3　4　3　4

牛的长脚趾为急速奔跑而生

　　草食动物为了逃过肉食动物的追捕而生存下来，必须要跑得比捕猎者更快。**牛还是野生动物时，为了尽可能拓宽步幅，将腿拉长，最终进化成了用两根脚趾奔跑的形态。**

　　观察牛的脚部可以发现，它们前脚的掌骨和后脚的跗骨（足背骨）较长，而中指和无名指在此基础上向前生长。它们脚趾直立的样子很像芭蕾舞演员跳舞时脚部的样子。**牛的脚趾中像穿了鞋一样的部位称作"蹄"，脚趾呈这种形状的动物称"蹄行动物"。**牛只留下了两根脚趾（蹄），其余的脚趾几乎都退化了。牛在减少脚趾根数后，获得了身体轻量化的优势。

> **牛（哺乳纲鲸偶蹄目牛科动物的统称）**
> 　　奶牛、肉牛等家畜牛起源于欧洲野牛（已灭绝）。野牛、水牛也属于牛科动物。

　注 有偶数个蹄的动物称"偶蹄类"，有奇数个蹄的动物称"奇蹄类"。鹿有两个蹄子，所以是偶蹄类。

马仅靠一根脚趾站立

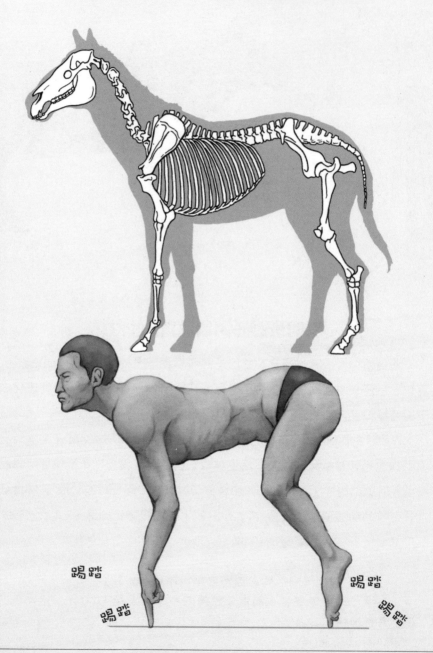

注 马一般有18对肋骨，也有马只有17对。

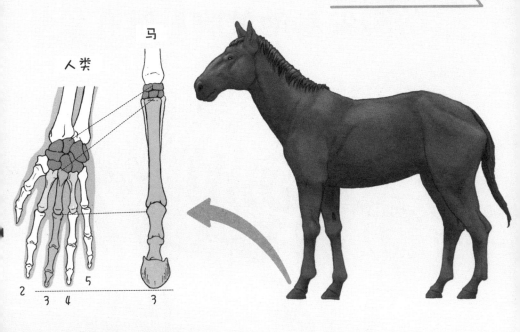

人类　　马

2　3　4　5　　　3

马为提升速度舍弃了部分脚趾

马是草食动物中为了在草原等平地上急速奔跑而下了最大功夫的物种。前文介绍了脚尖着地的狗（第6页）和用两根脚趾奔跑的牛（第10页），而**马竟然只用一根脚趾奔跑**。

回溯马的祖先我们会发现，过去的马也有3~5根脚趾，但现在马其他的脚趾都已几乎退化至消失不见，只剩中指（第三指）。

马如此进化的目的只为了能迅速奔跑。剔除掉多余无用的脚趾后体量更轻，同时它们将唯一一根脚趾的骨头发展得粗壮且坚硬。这样简单的结构或许正是马能更有效率地急速奔驰的原因。

> **马（哺乳纲奇蹄目马科动物的统称）**
> 马很早就被人类驯化为家马，现已不存在野生种群。从分类学上看，马是单一物种，但按照血统可以分为英国纯种马、阿拉伯种马等。

ℹ️ 注　马的瞳孔并非圆形而是长条形，它们的视野可覆盖前后左右350度的范围。多亏了这双眼睛，马才能迅速察觉到捕食者。

象的脚尖着地且脚后跟有掌垫

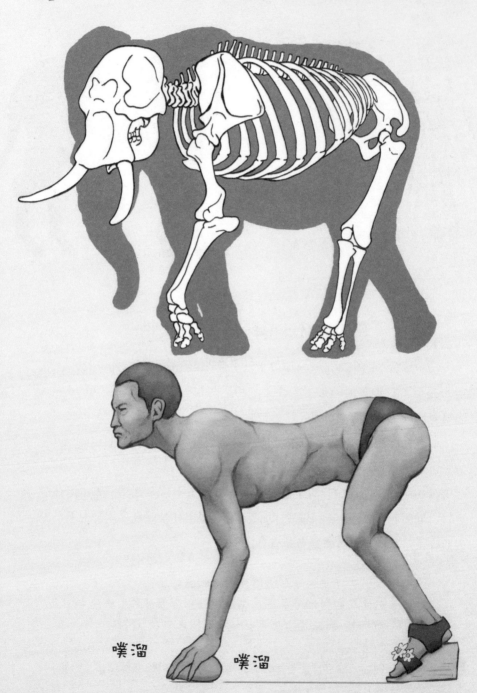

噗溜　　噗溜

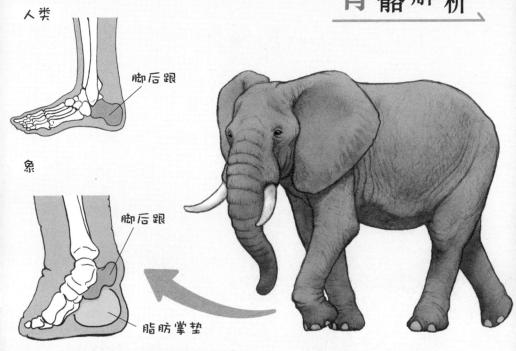

人类

脚后跟

象

脚后跟

脂肪掌垫

象靠脚跟的掌垫支撑起庞大身躯

大象的平均体重为 4~7 吨，约等于 100 个人的体重。支撑大象超常规体重的是它健硕的腿部。然而，观察大象的骨骼我们会惊奇地发现，**它站立时竟然是脚尖着地**。

不过，大象步行时并非只靠脚尖。**它们的脚后跟处有一块"脂肪掌垫"，可以吸收冲击力。** 正是多亏了这块掌垫，大象才可以在不伤害腿部的前提下行走和奔跑。另外，这块掌垫还有吸收脚步声的作用，因此大象即使在跑步时也不会发出咚咚咚的脚步声。据说，大象的脚步声甚至比人类的还要小。

> **象**（哺乳纲象目象科动物的统称）
> 　　大象最大的特色是它长长的鼻子。大象是现今世界上最大的陆生动物。象可分为亚洲象和非洲象两大类，另有学说认为在此基础上应该再加入非洲森林象，把象分为三类。

注 大象的听觉不靠它巨大的耳朵，而是通过足底来感知地面的震动。它们能听到 30~40 公里外的声音。

海豹
其实有腿

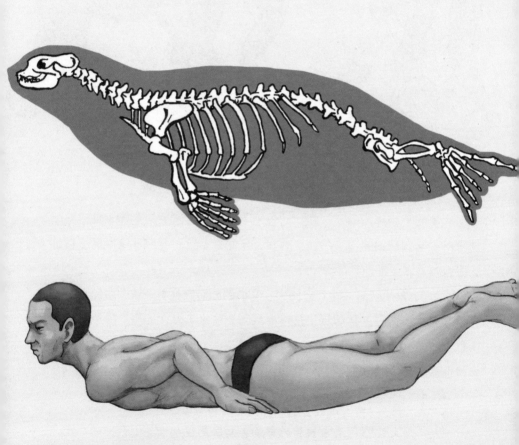

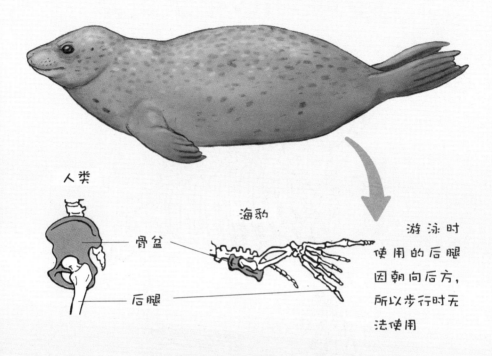

人类

海豹

骨盆

后腿

游泳时使用的后腿因朝向后方，所以步行时无法使用

海豹的后腿不能前后移动

海豹能够在大海里优雅地游来游去。它们的五根脚趾之间有蹼，脚呈鳍状。游泳时只有后腿交互摆动，前腿只是稍微配合而已。

海豹的后腿在水中时可以派上大用场，但一旦到了陆地上就没用了。**这是由于海豹的后腿像尾巴一样向后生长**，所以它们不能像其他四条腿走路的动物一样，利用后腿步行前进。

因此，海豹在地面时只能像毛毛虫一样弯曲着身体爬行。它们的前腿上有很大的指甲，这些指甲可以挂在冰上帮助它们在地面上移动。

> 海豹（哺乳纲食肉目海豹科动物的统称）
> 鳍足类海栖哺乳动物。世界各地的海洋中均有分布。有斑海豹、象海豹、环斑海豹等品种。

注 海豹的祖先是熊的近亲，为了适应水中的生活，它们进化成了现在的样子。海豹是为数不多的水生哺乳类动物。

海狮用四条腿走路

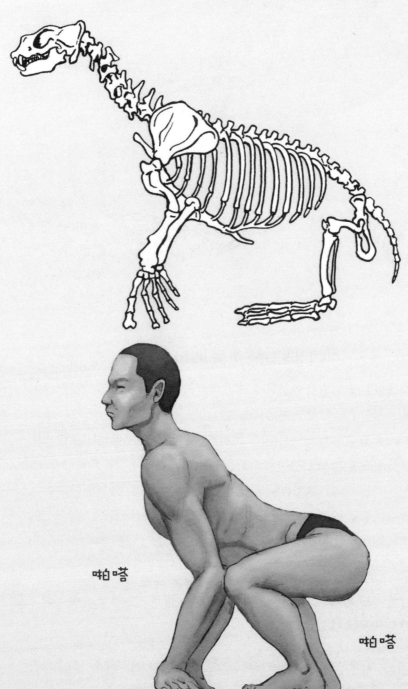

啪嗒

啪嗒

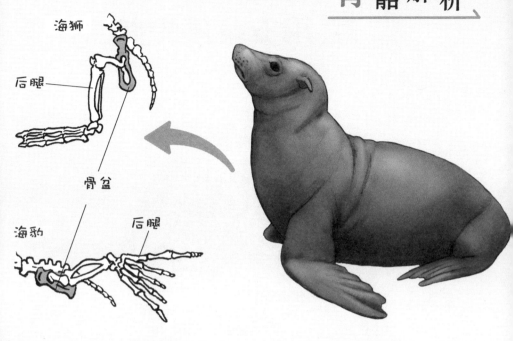

海狮

后腿

骨盆

海豹

后腿

与海豹不同，海狮在陆地上用腿行走

海狮很可爱，又多才多艺，在海洋馆很受游客欢迎。很多人分不清海狮和海豹，但观察它们的骨骼可以发现，它们的体型完全不同。对！**海狮可以用四只脚在地面正常行走。**

海豹的腿是向后生长的，但是海狮却不是。由于海狮的骨盆位于脊椎下方，**所以从骨盆延伸出来的后腿可以前后移动。**

不过，和猫狗不同，海狮前腿的脚踝并非直直朝前的，而是横向朝两边，以方便它们在水中划水。游泳时，海狮会像鸟一样用力拍打前腿，而后腿主要被用来控制方向。

> **海狮（哺乳纲食肉目海狮科动物的统称）**
> 鳍足类海栖哺乳动物。除海狮之外，海狮科的动物还包括海狗、北海狮、南海狮等。

注 海狮的近亲有海狗、北海狮、南海狮等，但我们在海洋馆见到的基本都是加利福尼亚海狮。

袋鼠用五条腿走路？

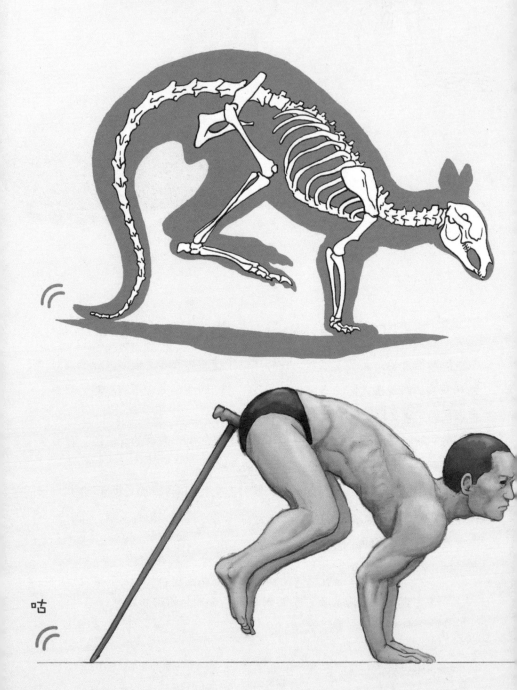

咕

袋鼠的尾巴拥有惊人的力量

人类步行时左右脚交替向前迈出，而袋鼠的走路方式却与人类完全不同。**袋鼠用粗壮结实的尾巴支撑身体，两条后腿并拢后浮在半空中行走。**这种走路方式下，**袋鼠的尾巴仿佛是第五条腿。**

袋鼠以腰为中心，利用上半身和尾巴调节前后的重心。奔跑时，它们会并拢后腿，使劲跳跃，移动速度可以达到每小时 20 公里。奔跑时，袋鼠的尾巴会负责保持平衡。

另外，在交配期，雄性袋鼠有时会与竞争者进行拳击对打。交战时，它们会用尾巴支撑着身体，同时用双腿踢打对手。

> **袋鼠（哺乳纲双前齿目袋鼠科动物的总称）**
> 利用发达的后腿跳跃，以及雌性腹部的育儿袋是袋鼠的典型特征。

注 袋鼠的尾巴太大了，这导致它们无法后退，只能一直前进。

澳洲淡水鳄
奔跑像在跳跃

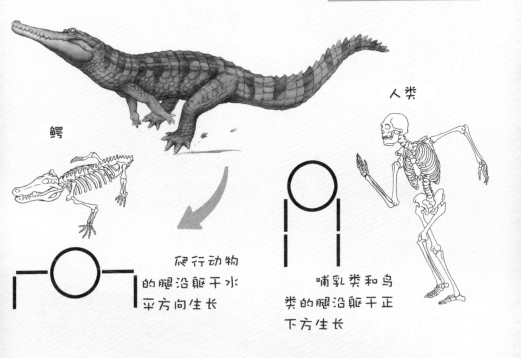

人类

鳄

爬行动物
的腿沿躯干水
平方向生长

哺乳类和鸟
类的腿沿躯干正
下方生长

澳洲淡水鳄感觉到危险后会迅速逃离

　　一提到鳄鱼，可能大家立马会想到它们趴在地上爬行的样子。但是，栖息在澳大利亚的澳洲淡水鳄（别称：约翰斯顿鳄鱼）可以直起脚来，像马一样奔驰。

　　爬行动物，顾名思义，就是爬着走的动物。鳄鱼等许多爬行动物的腿都是沿躯干的水平方向生长的，所以它们就像"爬"这个字的含义一样，弯曲着身体爬行移动。

　　澳洲淡水鳄平时在陆地上缓步爬行，但是，一旦察觉到危险靠近，它们会立即收紧前后腿，抬高身体，以每小时十多公里的速度跳跃式逃跑。

> 澳洲淡水鳄（爬行纲鳄目鳄科鳄属动物）
> 鳄可以分为短吻鳄科、鳄科、长吻鳄科三类。

注　鳄鱼类动物的咬合力非常强，在现有动物中首屈一指。最新研究表明，鳄鱼的咬合力可与霸王龙匹敌。

蛙类为了更好地
跳跃将腿骨合并成一根

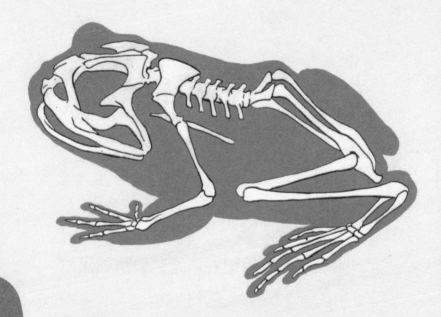

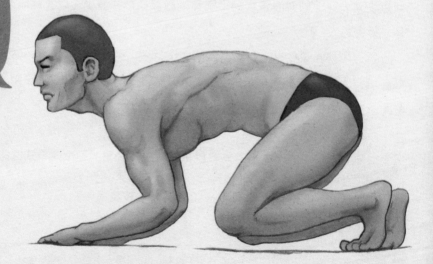

跳高高

骨骼解析

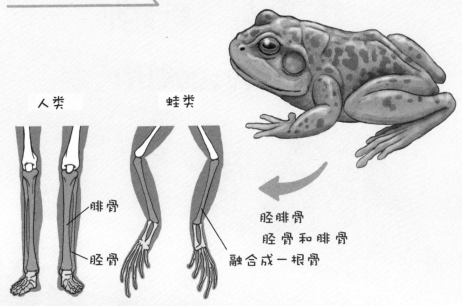

人类　　蛙类

腓骨

胫骨

胫腓骨
胫骨和腓骨
融合成一根骨

蛙类高弹跳力的奥秘蕴藏在腿骨中

　　蛙类采用跳跃的战略来逃避捕食者的猎杀。它们高弹跳力的奥秘隐藏在后腿骨的形态中。

　　人类的小腿由腓骨和胫骨两根骨头构成，然而**蛙类将腓骨和胫骨融合成了一根骨头，也就是胫腓骨**。它们的后腿因此变得更强健，获得了更高更强的弹跳力。

　　另外，**蛙类为了挡掉落地时的冲击力，腹部进化得很柔软且没有肋骨，脊柱则进化得又粗又短且结实**。

　　蛙类既没有锋利的爪子，也没有坚硬的鳞片，它们通过强化自身的弹跳力来逃过敌人的攻击，进而生存到了现在。

> ### 蛙类（两栖纲无尾目动物的统称）
> 　　生活在水边，高弹跳力是它们的特征。有许多不同颜色和形状的品种，据说世界上现存有约 7000 个品种的蛙类。

注 擅长跳跃的动物大多数尾巴都很发达，但蛙属于"无尾类"，没有尾巴。

红毛猩猩拥有
人类丢失的肌肉

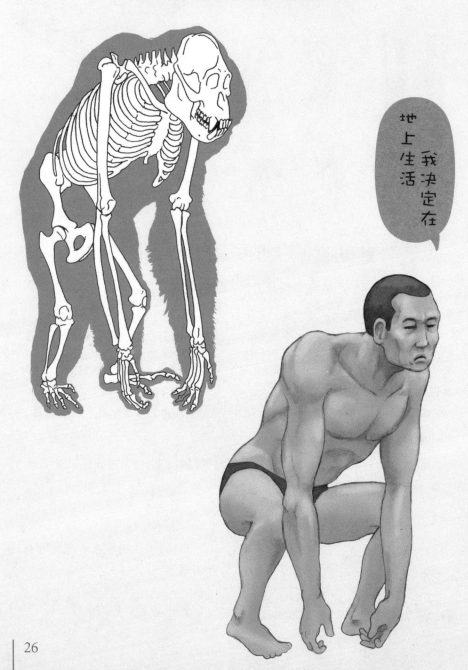

我决定在地上生活

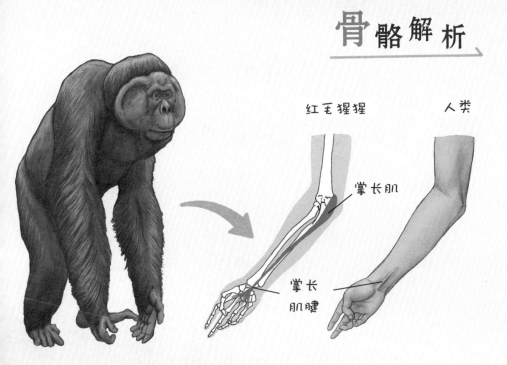

红毛猩猩　　　人类

掌长肌

掌长
肌腱

爬树用的肌肉很多人没有而红毛猩猩却有

试试看，将同一只手的拇指贴在小指上，你会发现有的人手腕上会出现一根纵向的筋，而有的人不会。

这根筋就是**被称作"掌长肌"的肌肉**的腱。这是一块用来弯曲手腕和手指的肌肉，对于红毛猩猩和长臂猿等在树上生活的猿猴类动物十分重要。

过去，人类和猿猴类动物同属一个祖先。但是人类在进化后选择在地面生活，不再需要掌长肌了。其他肌肉也可以代为承担活动手腕的功能，所以即使没有掌长肌，对人类也不会有什么影响。

或许是因为这样，人类的掌长肌在不断退化，**现代人中有约 15% 的人没有这块肌肉**。

> **红毛猩猩（哺乳纲灵长目人科猩猩属）**
> 生活在亚洲热带地区的大型类人猿。马来语称"Orangutan"，意思是"森林中的人"。

🐾 人的腿部有一块可以帮助跳跃的肌肉，名叫"跖肌"，这块肌肉也一样，有些人有而有些人没有。大猩猩和长臂猿已完全没有这块肌肉，但狐猴和眼镜猴的身上仍保留着。

人是世界上唯一能双腿直立行走的生物

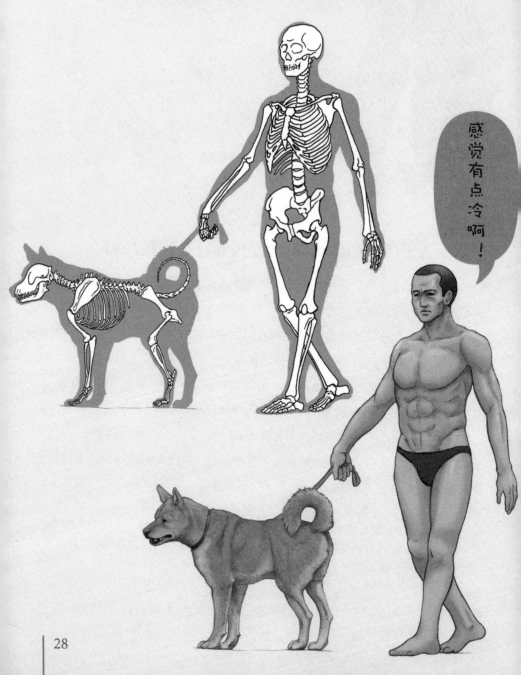

骨骼解析

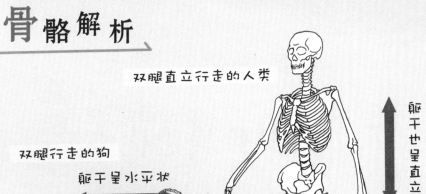

双腿直立行走的人类

躯干也呈直立状

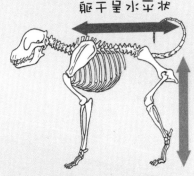

双腿行走的狗

躯干呈水平状

人类能直立行走都是腰的功劳

世界上有很多动物都能做到双腿行走，**但是只有人类可以让腿和脊椎垂直于地面，双腿直立行走。**

黑猩猩等类人猿是与人类亲缘最近的动物，它们偶尔也能只用双腿行走，但大多数时候，它们行走时还是四肢着地。

问题的关键在骨骼上。**人类拥有碗状的骨盆，所以股骨和脊椎都能垂直于地面生长。**如果其他动物模仿人类的走路姿势，则很可能脱臼。

另外，双腿直立行走需要很高的身体协调能力，所以刚出生的人类幼崽不能立刻直着站起来。因此，与其他物种不同，人类的幼崽出生后需要经过一段时间才能站立行走。

> ### 人（哺乳纲灵长目人科人属）
> 生活在世界各地的哺乳类动物。典型特征是双腿直立行走和手能够使用工具。学名为"智人"，即"有智慧的人"之意。

注 双腿直立行走时，需要支撑起重重的头部，所以腰部的负担很大，常常会引发腰痛。腰痛可以说是"人类的宿命"。

人也是由鱼类进化而来

为了在河流中生存，鱼类长出了骨头

可以说，包含人类在内的**所有脊椎动物都是鱼类的子孙**。

约 38 亿年前，地球最初的生命在大海中诞生了。当时的生物还只是一个单细胞的小生命体，但在反复多次的进化之后，终于在约 5 亿年前，它们之中诞生了鱼类的祖先。

当时的鱼类没有鳍，也不太擅长游泳。它们在大海中天敌众多，最后被赶到了暂时还没有天敌的河流中生活。

为什么鱼类能成功适应河流中的生活呢？奥秘之一在于"硬骨"。硬骨

是这样吗？

不仅拥有支撑身体的功能，还能蓄积身体必需的营养素——钙。与海洋相比，河流中含钙较少，不能确保一直足量。硬骨的出现使钙的储存成为可能，同时也成为脊椎动物离开海洋深入内陆的一大契机。

为了克服重力影响而诞生的骨头

在距今约 3 亿 8500 万年前，鱼类朝着陆地这块新天地进发了。

要想在地上生活，必须解决水中生活时没有的重力问题。为了对抗重力，它们进化出了强壮的脊柱和肋骨，让身体变得更结实。接着它们又获得了肺，鳍也变成了腿，逐渐向两栖类进化。

两栖类动物后来又进化为终生生活在陆地上的爬行类动物，哺乳类动物的祖先也诞生了。

在距今约 2 亿 3000 万年前，爬行动物中的一部分进化为恐龙，在那之后又过了 500 万年，Adelobasileus cromptoni（隐王兽，音译为"阿德洛巴西莱乌斯"，意为"不显眼的王"）诞生了。它们形似老鼠，据称是最早的哺乳类动物。哺乳动物逐渐发展，最终演化为今天人类的模样。

指骨让动物变得更灵巧

人类以及其他动物拥有的手和脚都是由鱼类的鳍进化而来的。古时候，想要上陆地的鱼类慢慢地将胸鳍进化成了前腿（手)，将腹鳍进化成了后腿。

约 3 亿 8500 万年前出现的**真掌鳍鱼**被认为是现今所有陆生动物的直接祖先。它们有很厚实的鳍，鳍内有指头一样的骨头。据说它们可以像我们使用手时一样，用鳍拨开草丛。

距今约 3 亿 7500 万年前，**提塔利克鱼**出现了。它们是介于鱼类和四肢动物之间的一种生物。它们的前鳍内有肩、肘、手腕等的关节，能够自由活动。据说，虽然它们还没有能力在陆地上行走，但可以用类似俯卧撑的姿势，抬高身体从水面探出头来。

约 3 亿 6500 万年前，四足两栖动物**棘螈**诞生。虽然棘螈依然主要生活在水中，它们的腿也还没有强壮到能够支撑起自身的体重，但是它们的鳍已经进化成了四只腿，且每条腿都明确可见有 8 根指头。

后来，四肢动物们绝大部分时间都在陆地上生活，它们手脚指的数量渐渐演化成 5 根，变得和现在的我们一样了。

手从鱼鳍进化而来

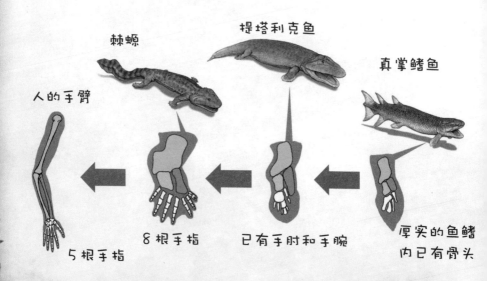

人的手臂 · 5 根手指 · 棘螈 · 8 根手指 · 提塔利克鱼 · 已有手肘和手腕 · 真掌鳍鱼 · 厚实的鱼鳍内已有骨头

颌骨的出现是一项革命性的进化

颌骨在生命的进化历程中扮演着重要的角色。地球上最早出现的鱼类被称作"无颌动物"，顾名思义，**它们没有颌骨**。它们的嘴常年张开，以吸食海底泥沙中的藻类和浮游生物为生。**约4亿年前，有颌骨的鱼类出现了，生命的历史由此迎来了巨大的转机。**

鱼类支撑鳃的骨头称"鳃弓"。鳃弓成对排列，最前方的一对鳃弓变形之后，诞生了颌骨最原初的样子。鱼类获得颌骨后，成了"有颌动物"，可以自由地开合鱼嘴。此外，颌骨还帮助它们高效地将含氧水运送至鱼鳃，并且帮助它们在捕食时能够紧咬住猎物。

结果，鱼类因此成功获得了前所未有的巨大能量，受此影响，它们的脑部也日渐发达，这为后续的生物进化奠定了基础。

有颌动物成为大海的主宰之后，无颌动物渐渐走向了灭绝。不过，七鳃鳗、盲鳗等部分无颌动物依然保留了原始的姿态。

颌骨由鱼鳃进化而来

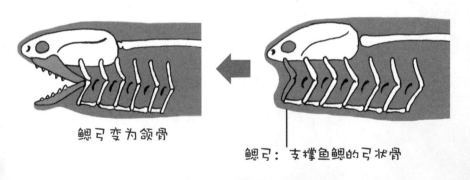

鳃弓变为颌骨

鳃弓：支撑鱼鳃的弓状骨

（现存无颌鱼类）

七鳃鳗

这是哪种动物的姿势？

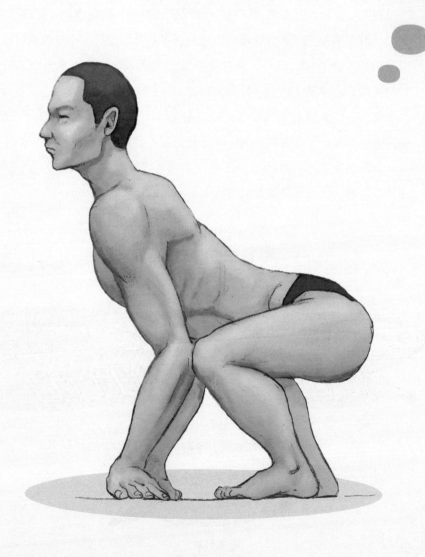

答案见第 18 页

第二章

抓

海獭肘部以下的手臂
藏在身体里

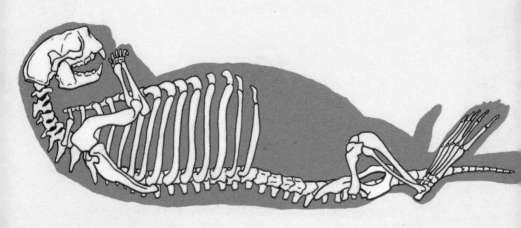

蠕动　　　蠕动

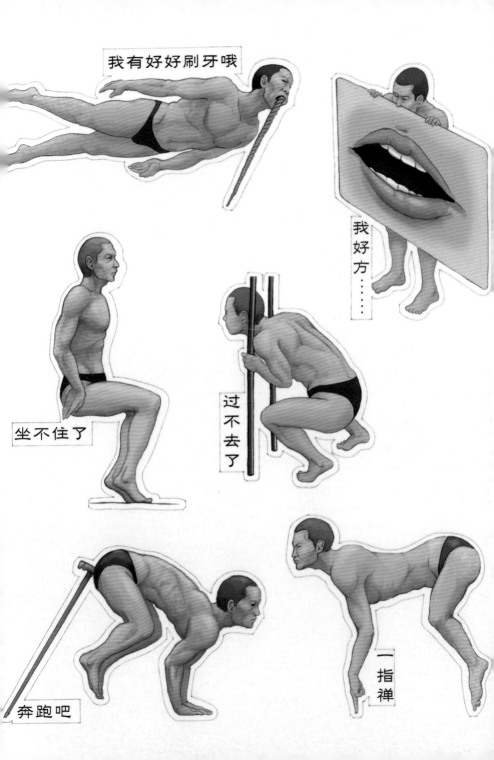

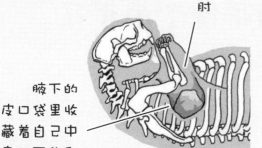

肘

腋下的皮口袋里收藏着自己中意的石头和食物

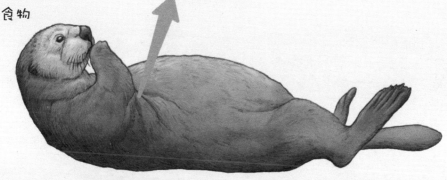

海獭的手臂虽然看不见但其实很长

一提到海獭，大家印象最深的应该是它们一边在海面上仰泳，一边用放在肚子上的石头砸食海胆或贝类的样子。它们的小短手只露了一丁点儿在外面，非常可爱，但其实那只是它们手臂的一部分而已。

事实上，**海獭也有上臂**。海獭腋下毛皮的皮肤松垮垮的，它们会把自己中意的石头以及没吃完的食物放进里面。海獭的手臂基本也隐藏在那附近，所以**我们用肉眼从外面看，只能看见它们手臂肘部以下的部分**。

值得一提的是，海獭对于进食时使用的石头有很强的执念，一旦丢失自己心爱的石头，它们可能会情绪低落，甚至拒绝进食。

海獭（哺乳纲食肉目鼬科海獭属）

生活在阿拉斯加和俄罗斯北太平洋沿岸。常将石块固定于肚腹，把贝类、螃蟹等砸碎取其肉食用。

注 海獭和水獭都是鼬科动物。水獭进化后主要在水边栖息，而海獭则常年生活在海中。

鼹鼠的手像个小铲子

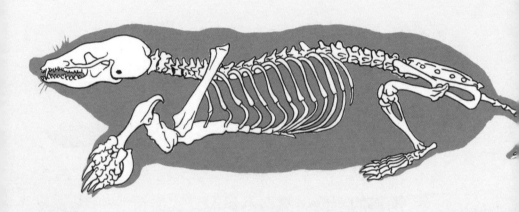

见到洞我就想钻进去

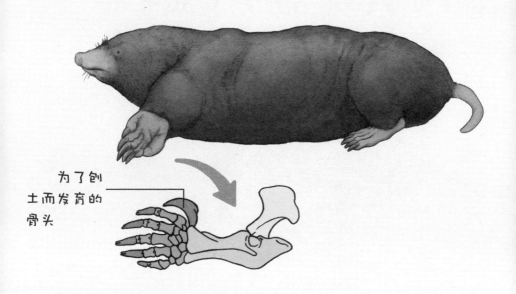

为了刨土而发育的骨头

鼹鼠手上有块骨头只为挖洞而生

　　动物会根据自身所处的环境，让前腿发生很大的变化。例如生活在地下的鼹鼠为了能更好地刨土前进，就让自己拥有了一个别的物种没有的特征。

　　为了能在狭窄的地下通道中顺利通过，鼹鼠只将前腿腕关节以下的部分露在外面。它们的手掌呈小铲子状，手掌前端是它们那又粗又长的用来挖土的爪子。

　　鼹鼠的手上还有一块骨头专门用来挖洞。这块长长的骨头从大拇指外侧的手腕处长出，呈镰刀状，有人称之为鼹鼠的"第六根手指"。正因为有这根骨头的存在，鼹鼠的手掌面积才得以拓宽，它们才能用类似蛙泳的姿势，一次性抄起大量挖出的土，扒到自己的身后。

> **鼹鼠（哺乳纲鼩形目鼹科动物的统称）**
> 　　生活在欧洲、亚洲和北美等地的小动物。能在地下挖洞，以蚯蚓、蜘蛛、昆虫等为食。

注　鼹鼠在移动过程中如果需要横渡水域，它们会利用自己刨土用的大手，展现优秀的泳姿。

大熊猫有七根手指

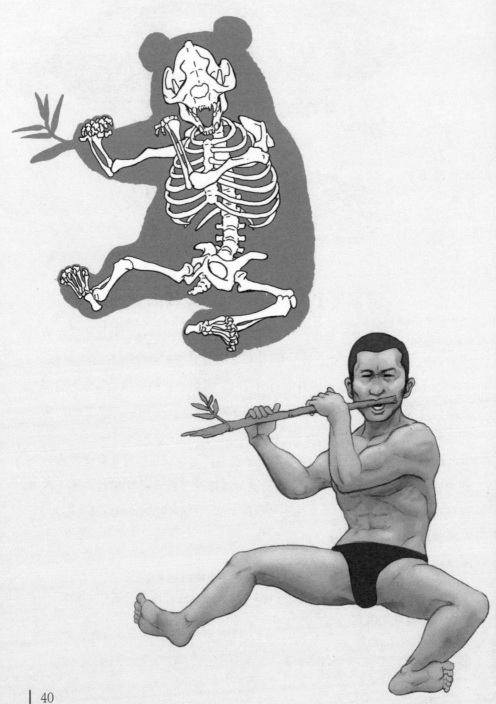

骨骼解析

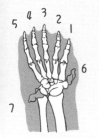

大熊猫的
手骨

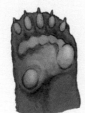

大熊猫的手

大熊猫的手掌上有两块隆起

乍一看大熊猫只有 5 根手指，但其实它们的**拇指和小指旁边各有一块瘤子一样的隆起**。这其实是由手掌根骨（腕骨）发育成长而来。有人把它们称作大熊猫的第 6 和第 7 根手指。大熊猫把这两块隆起当拇指用，多亏了它们，大熊猫才能灵活地握住竹子。

大熊猫主食竹子，是偏草食的杂食动物。不过，它们的祖先其实是肉食动物，它们现在依然保留有肉食动物特有的短肠。大熊猫现在主要食用植物，但是，由于植物比肉类需要更长的消化时间，而大熊猫的肠子又比较短小，所以它们吃下肚的竹子中只有两成能被消化掉，因而总是处于营养不足的状态。为什么它们只进化了手，而肠子却没有进化呢？

> **大熊猫（哺乳纲食肉目熊科大熊猫属）**
> 生活在中国西南部地区。是熊的近亲。黑白两色的体毛是大熊猫的典型特征。

注 大熊猫偶尔也吃肉，但是它们转向偏草食性后，已经丧失掉了能感知肉类香味的基因，所以它们并不太喜欢吃肉。

树袋熊的拇指和食指同向并列

感觉变成人气巨星了

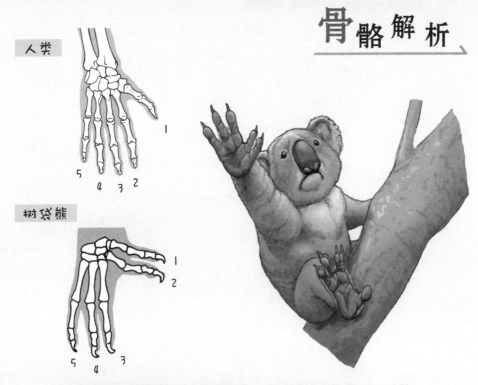

人类

树袋熊

只是为了方便取食桉树叶，树袋熊进化了手指

树袋熊（音译"考拉"）手指的造型特别奇怪，它们的拇指和食指与其他手指分开，并到了同一方向。另外，它们的后脚只有拇指和其他手指分开，而食指和中指又并在了一起。

要想抓住东西，指头必须满足"拇指对向性"这一要求。所谓"拇指对向性"是指像人的手指那样，拇指与其他手指分开，并与其他手指对向生长。在手部骨骼符合"拇指对向性"条件的动物中，**树袋熊的手特别进化成了方便抓取桉树枝的形状。**

桉树叶富含单宁酸和油分，很难消化，所以除树袋熊之外，其他动物不会食用。这种手型可以说是"生在桉树、吃在桉树"的树袋熊所独有的。

树袋熊（哺乳纲双前齿目树袋熊科动物的统称）

栖息在澳大利亚东部的有袋类动物。和袋鼠是近亲，主要生活在树上。食性特殊，只吃桉树叶。

注 树袋熊只吃桉树的嫩芽，而且对叶片的种类也很挑剔，且食量不小。据说动物园每天为树袋熊花掉的餐费高达 8 万日元（约人民币 4000 元）。

树懒用爪子钩住
树枝来移动

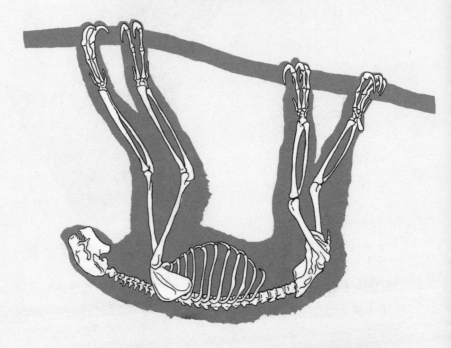

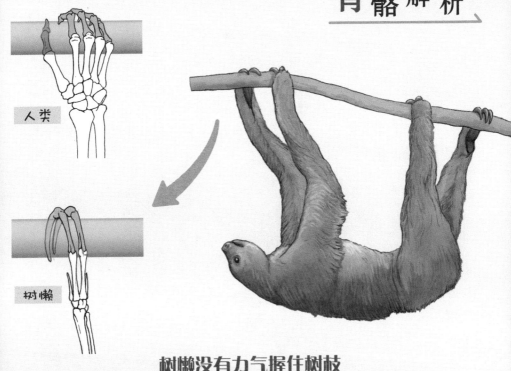

人类

树懒

骨骼解析

树懒没有力气握住树枝

吃饭、睡觉、交配、分娩,树懒日常生活中几乎所有事情都在树上进行,是个标准的树上生活者。虽然它们大多数时间都在树上度过,**但它们的肌肉却没有力量,无法用手抓住树枝。**

相反,它们利用自己指尖伸出的巨大钩爪,像衣架一样钩在树枝上。缓慢移动时,树懒会把手脚向前挪动,钩在树枝上前进。

树懒的身体上甚至会长苔藓,可见它们的动作有多慢。它们天生就是节能体质,一片树叶就足够它们一天的食量。树懒每周排泄一次,只有这时它们才会下到地上。它们的后腿在地面上基本无法使用,所以它们会将前腿的钩爪钩在地上,拉着身体往前进。

> 树懒(哺乳纲披毛目树懒亚目动物的统称)
> 生活在中美洲和南美洲。树懒亚目下有树懒科和二趾树懒科两科。

注 树懒动作极其迟缓,它们消化食物的速度也很缓慢。据说有的树懒胃中的食物没来得及消化,营养没跟上就饿死了。

45

蝙蝠可以倒吊，但不能站立

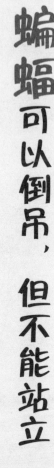

好孩子　不要学我哦！

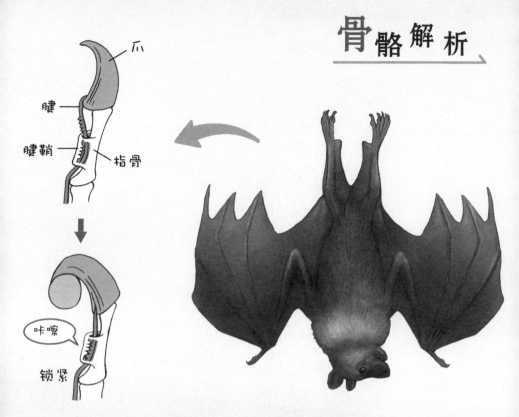

爪

腱

腱鞘　　　指骨

咔嚓

锁紧

蝙蝠的腿几乎就是皮包骨

一提到蝙蝠，大家印象最深的应该是它们利用后腿从天花板上倒吊下来的样子。但其实它们的后腿几乎算是皮包骨。蝙蝠为了方便在空中飞行，减轻了身体的重量，全身的肌肉都集中在用来拍打翅膀的胸肌附近。

所以蝙蝠的后腿几乎没有肌肉力量，就连站立行走都无法做到。**这种情况下，它们腿部一根特殊的肌腱起了很大作用。**

肌腱是一种连接骨头和肌肉的绳状物体。当蝙蝠用后腿抓住天花板上的凸起时，它们特殊的肌腱上会伸出一段锯齿状的物体，钩住腱鞘并锁紧。多亏了这个机关，蝙蝠倒吊时无须用力就能安然入睡。

> **蝙蝠（哺乳纲翼手目动物的统称）**
> 哺乳动物中唯一具有飞行能力的群类。世界各地均有分布，共有东亚家蝠、狐蝠等约 980 个品种。

注 蝙蝠是夜行动物，它们的视力很弱，主要通过发射超声波捕捉回声来确认周围的环境。

黑猩猩的脚和手形状相同

看看我的脚型怎么样？

骨骼解析

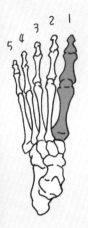

人类

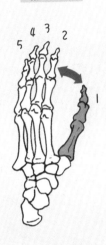

黑猩猩

黑猩猩四肢皆可握住树枝

黑猩猩脚底的形状与手掌相同。它们的脚底和手掌一样，也符合"拇指对向性"的规则，即拇指与其他四指分离且对向排列。"拇指对向性"是灵长类的特征之一，这种手型可以帮助它们更灵活地握住物体。**黑猩猩等生活中经常爬树的灵长类会使用与手呈相同形状的后脚，灵巧地握住树枝。**

我们人类的祖先和黑猩猩一样，同属于生活在森林中的猿猴类。我们的祖先们也曾经拥有和它们相同的脚型。然而，当祖先们离开森林来到草原生活后，为了更好地在平坦的地面行走，他们的5根脚趾全部进化到了同一方向，也就是现代人类脚骨的形状。

> **黑猩猩（哺乳纲灵长目人科黑猩猩属）**
> 生活在非洲西部至中部一带的类人猿。黑猩猩属下还可分为黑猩猩和倭黑猩猩两个种。

注 成年男性的平均握力为45kg左右，但据说黑猩猩的握力高达300kg以上。

鹰用钩爪抓捕猎物

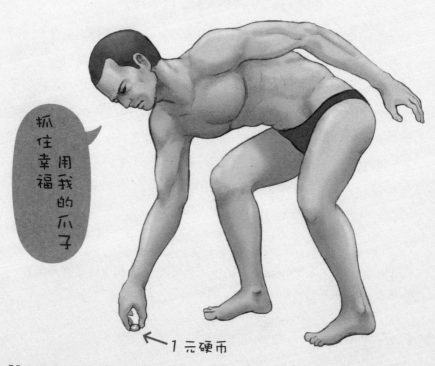

抓住幸福 用我的爪子

← 1元硬币

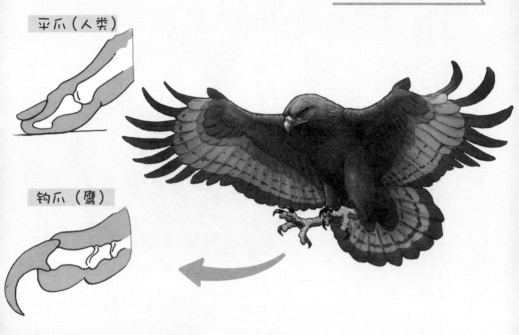

平爪（人类）

钩爪（鹰）

鹰爪可以嵌入猎物的身体

我们人类用手指抓取物体，而鹰却用它们长长的爪子抓东西。

鹰有4根脚趾，**3根朝前，1根朝后**。它们的脚趾根部延伸出一条弧形的曲线，这就是钩爪。**鹰可以利用钩爪前后夹击抓取猎物**，钩爪还会深深嵌入猎物的身体中。鹰是凶猛的天空之王，它们有时可以利用自己的钩爪抓取比自己还大的猎物，然后扬长而去。

不仅老鹰，很多动物都有可以用来攻击和狩猎的钩爪。然而，人类等灵长类动物由于需要用指尖做更细致的工作，所以为了保护指尖，它们的爪子不是钩爪，而是"平爪"。

鹰（鸟纲鹰目鹰科动物的统称）

鹰目鹰科的鸟类中，苍鹰、鹰雕等体态较小的称作"鹰"，虎头海雕、金雕等体型较大的则称作"雕"或"鹫"。（此区别仅限日语语境。）

注 钩爪是爪子最原初最基本的形态。人类的平爪和马的蹄子都是由钩爪进化而来。

指猴用细长的中指做敲击检查

咚

咚

骨骼解析

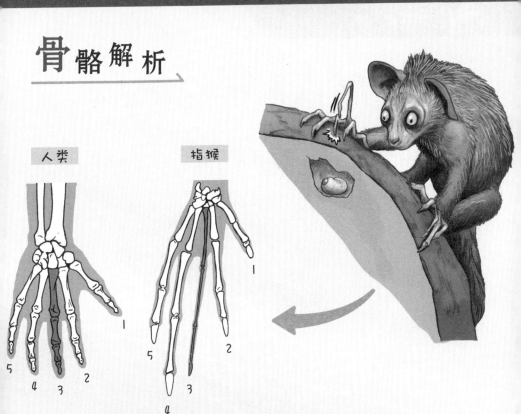

人类　　　　指猴

指猴为方便捕食唯独中指发育得特别长

　　指猴的典型特征在于它修长枯瘦的手指和钩爪。很多人可能通过童谣知道了指猴，以为指猴很可爱，但其实并非如此。指猴不仅不可爱，甚至还有些让人毛骨悚然。在指猴生活的当地，甚至有人称它们是恶魔的化身。

　　指猴的手指中，唯有中指像铁丝一样特别细，这点十分奇妙。其实，**指猴的中指在寻找食物的过程中能发挥很大的作用**。它们会像工人做敲击检查一样，用中指咚咚咚地敲打树的表面，找到树皮下变成空洞的地方。指猴的食物——昆虫就在那里藏身。它们会把空洞表面的树皮咬破，咬出一个小洞后再伸入细长的中指，用钩爪挑出昆虫吃掉。

> **指猴（哺乳纲灵长目指猴科指猴属）**
> 　生活在马达加斯加岛上。属于猿猴类。指猴科仅存这一种动物。
> 常年生活在热带雨林的树上，很少下地。

注 传说指猴因为长得像恶魔，所以被它们细长的中指指过的人最后都会死去。

长尾虎猫的脚踝可以旋转180度

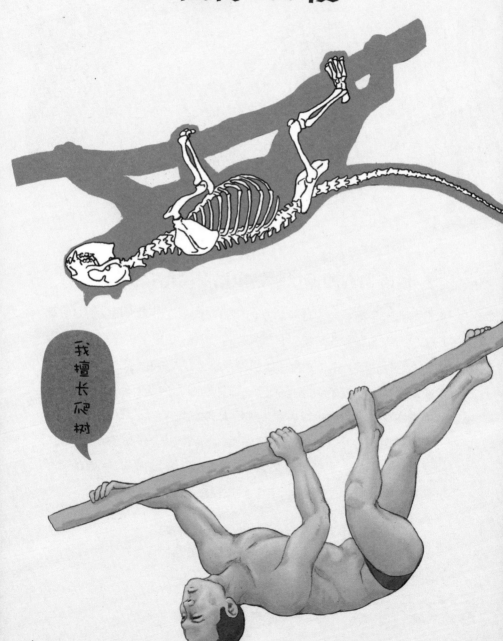

骨骼解析

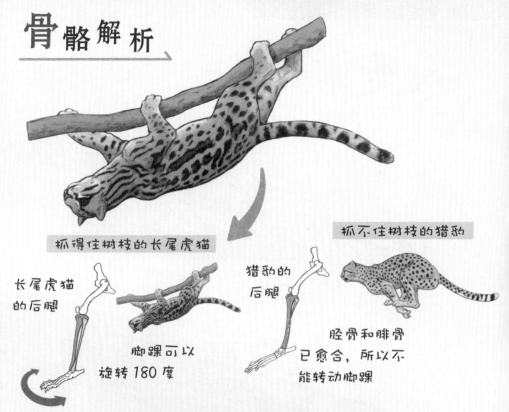

抓得住树枝的长尾虎猫

抓不住树枝的猎豹

长尾虎猫的后腿

猎豹的后腿

脚踝可以旋转180度

胫骨和腓骨已愈合，所以不能转动脚踝

长尾虎猫是擅长树上生活的一种野猫

长尾虎猫主要栖息在中南美洲的热带森林中。它们前后脚的脚踝可以左右转动 180 度，因而掌握了出类拔萃的爬树能力。

据说猫科动物的祖先都生活在树上，从家猫到豹子都会爬树。凭借自身柔韧的脊柱以及由此获得的强劲的跳跃力，即使很高大的树木它们也能轻松攀爬上去。不过，后腿能够旋转的，只有长尾虎猫等几个少数种类。

长尾虎猫可以灵活运用自己可转动的脚踝，即使树枝很细，它们也能像猴子一样牢牢抓住，敏捷地在树上窜来窜去。它们的狩猎也在树上进行，主要捕食松鼠、鸟类和小型猴类等。

> **长尾虎猫（哺乳纲食肉目猫科虎猫属）**
> 生活在中南美洲的热带雨林中。主要生活在树上，即便在猫科动物中，爬树能力也算出类拔萃。

注 长尾虎猫是猫科动物中唯一会模仿猎物（猴子）的叫声，引诱其上钩的物种。

55

人类能转动手臂，马却不能

骨骼解析

人类的手臂

尺骨

桡骨

可利用这两根
骨头转动手部

马的前腿

尺骨

桡骨

前臂骨

前腿的桡骨
和尺骨以及后腿的
胫骨和腓骨分别融
合成了一根骨头

骨骼越多身体活动越自如

人类的前臂能够向内外侧翻转，**多亏了位于肘部至手腕之间的尺骨和桡骨这两根骨头**。人的手腕处有脚踝一样的凸起。小指一侧的凸起是尺骨的尖端，拇指一侧的则是桡骨。这两根骨头交叉运动，手臂就能转动了。

因此，没有这两根骨头的动物，前臂或前腿就无法转动。例如，**马的尺骨的下半部分和桡骨融为一体，变成了一根骨头，因此它们不能像人类一样转动手臂**。相反，它们在直线路径上的奔跑能力很出众，能够长距离移动。但是它们承受侧面冲击的能力较弱，这常常成为它们骨折的原因之一。

人（哺乳纲灵长目人科人属）

　　地球上拥有最灿烂文明的动物。大脑相当发达，擅长认知、记忆和整理信息。拥有各种各样的语言和文化。

注 人类靠肌肉的力量站立，但马靠连接骨与骨之间的韧带封闭关节而站立，所以它们即使身体卸力也不会摔倒，站着就能睡觉。

人是唯一会上肩投法的生物

目标是参加全国职业棒球比赛！

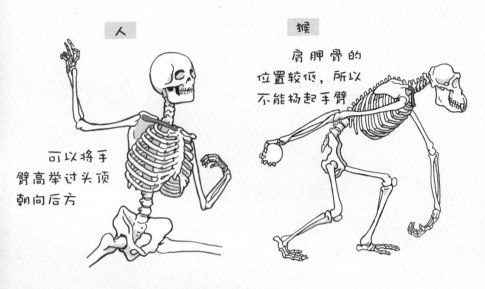

人

猴

肩胛骨的位置较低，所以不能扬起手臂

可以将手臂高举过头顶朝向后方

双腿直立行走后
人类肩部周围的骨骼也随之进化

猿猴类的身体很灵巧，能够用下勾投法和侧肩投法投掷物品。但是**威力最强的上肩投法，只有人类能做到。**

奥秘藏在人类肩部周围的骨骼里。俯瞰人类肩部周围的骨骼可以发现，人类的锁骨沿斜后方生长，肩胛骨位于背面，手腕在人身体的正侧面。这样的构造拓宽了手臂的可活动区域，**人类可以将手臂高举过头顶朝向后方，再用力将物品扔向前方。**

人类双腿直立行走后，前腿从步行中解放了出来，变成了"手"，用于其他用途。受此影响，肩部周围的骨骼也进化了，人类由此得以做各种各样的动作。

> **人（哺乳纲灵长目人科人属）**
>
> 所有动物中最擅长投掷的物种。人类的祖先学会了投掷石头捕获猎物的狩猎方法。

注 动物园内的大猩猩有时会朝人扔粪便。这一行为是因为讨厌人类的目光而想把游客赶走，还是因为觉得人类慌慌张张四处奔逃的样子很有趣，目前尚不能确定。

鸟类是恐龙存活到现在的子孙

恐龙与鸟类是近亲

过去，恐龙曾是地球的霸主。大家或许以为恐龙已经灭绝了，但其实恐龙的子孙中依然有物种侥幸活了下来，而且它们就生活在我们的身边。

恐龙的直系子孙是鸟类。

提到恐龙的子孙，可能大家会想到蜥蜴或者鳄鱼等爬行动物。然而，爬行动物在恐龙诞生前就已经存在了，它们是恐龙的前辈中的前辈。爬行动物中的一部分进化成了恐龙。现存的爬行动物与恐龙在腿的生长方式上有很大差异。爬行动物的腿生长在身体的两侧，而恐龙的腿则生长在身体的下方。恐龙腿的这种生长方式与鸟类相同。

距今约 6600 万年前，地球出现了一次生物大灭绝，地球生物中约 75% 种类的物种在这次大灭绝中彻底消失了。当时，恐龙中的大多数也灭绝了，

很厉害吧？

但恐龙的近亲鸟类却改头换面活了下来，并且分化成如今1万多种鸟类的形态。

始祖鸟连接起鸟类与恐龙

在城市中偶遇麻雀或鸽子时，很难注意到它们其实是恐龙的近亲吧。联系起鸟类和恐龙的契机源自1860年在德国发现的**"始祖鸟"**化石。

始祖鸟是一种带羽毛的古代生物，它们的样子像小鸟，颌骨上长着锐利的牙齿，3根脚趾上都有钩爪，尾巴很长且有骨头。这些特征都和恐龙十分相似。据此，科学研究认为**恐龙和鸟类或有一定的相关性**。

很长一段时间内，始祖鸟都被视作鸟类的祖先。但近来有学说认为，始祖鸟与鸟类没有直接联系，鸟类是从别的恐龙类动物进化而来的。

关于这个问题，还有许多待解之谜，研究者现在也仍在广泛讨论着。期待未来能有更新的发现。

鸟类和恐龙的共同点

"叉骨"是联系起鸟类和恐龙的重要要素之一。所谓"叉骨"就是鸟类左右两侧的锁骨融合后形成的 V 字形骨骼。叉骨连接起鸟的左肩和右肩，起到支柱的作用。

鸟类依靠健硕的胸肌在空中展翅翱翔，但这其实是一项非常剧烈的运动。鸟类的叉骨就像弹簧一样，具有极强的柔韧性，放下翅膀时叉骨向左右扩张，抬起翅膀时叉骨借助反作用力支持鸟类振翅飞翔。

现在仍然存活的动物中只有鸟类有叉骨。而在部分恐龙（恐爪龙、霸王龙、异特龙等）的化石中也发现了这类特殊的骨头，据此，有研究认为恐龙与鸟类存在一定的关联。

除了叉骨之外，恐龙和鸟类之间还有以下共同点：

▶ 两条腿走路。

▶ 部分恐龙和鸟类一样拥有羽毛。

▶ 部分恐龙和鸟类一样会孵蛋。

▶ 有气囊这种呼吸器官。

虽然有三角龙等四条腿走路的恐龙，但是绝大部分的恐龙还是双腿行走。

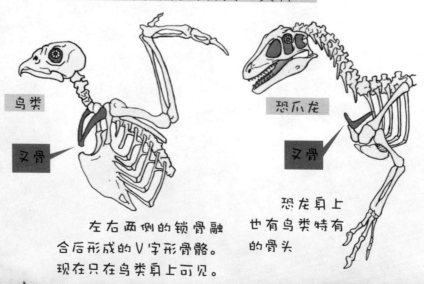

恐龙与鸟类都有的骨头"叉骨"

鸟类

叉骨

恐爪龙

叉骨

左右两侧的锁骨融合后形成的 V 字形骨骼。现在只在鸟类身上可见。

恐龙身上也有鸟类特有的骨头

与鸟翅不同的另一种翅膀——"飞膜"

蝙蝠和鸟类一样，可以在天空中飞行。蝙蝠是哺乳动物中唯一可以在空中自由飞行的物种。虽然它们和鸟类一样，也是通过拍打翅膀在空中飞行，但它们翅膀的结构与鸟类的大相径庭。**蝙蝠的翅膀经由手掌进化而来，从它们的食指到尾巴的尖端裹了一层能伸缩的皮，这层皮被称为"飞膜"。**它们正是通过对肌肉的细微调整来控制飞膜，从而达到飞行的目的。

现在发现的最古老的蝙蝠是"食指伊神蝠"。它们生活在距今约5000万年前，身上还保留了一些原始特征，例如胸骨未发育、尾巴较长且不被飞膜覆盖等。但是它们整体的骨架与现生蝙蝠并无太大差异。因此食指伊神蝠被认为在较早阶段就已经完成了蝙蝠形态的构建。

前文提到蝙蝠和鸟类的翅膀在构造上完全不同，然而，近年来，在与鸟类关系亲近的恐龙中也发现了和蝙蝠一样有飞膜状翅膀的物种。2015年和2019年分别有论文报告称发现了被命名为"奇翼龙"和"长臂浑元龙"的恐龙化石，这两类恐龙均有飞膜状张开的翅膀。

从哺乳类进化而来的蝙蝠

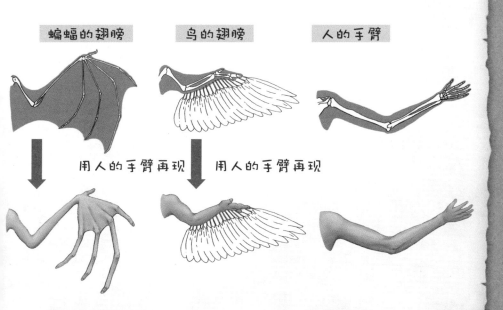

蝙蝠的翅膀　　　　鸟的翅膀　　　　人的手臂

用人的手臂再现　　用人的手臂再现

这是哪种动物的姿势？

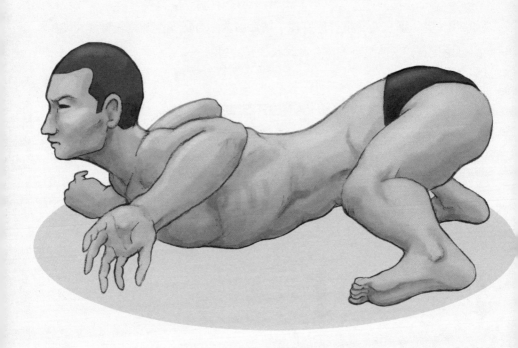

答案见第 38 页

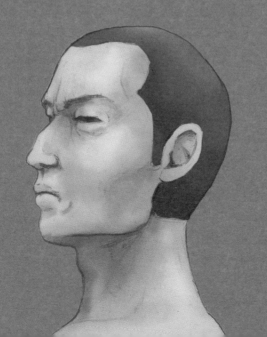

第三章
头·颈

长颈鹿脖子的
骨头数和人类一样

脖子好累……

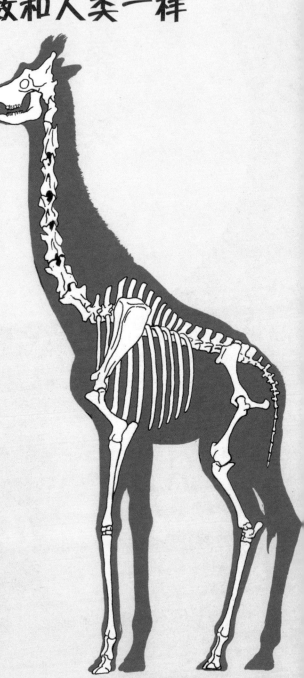

骨骼解析

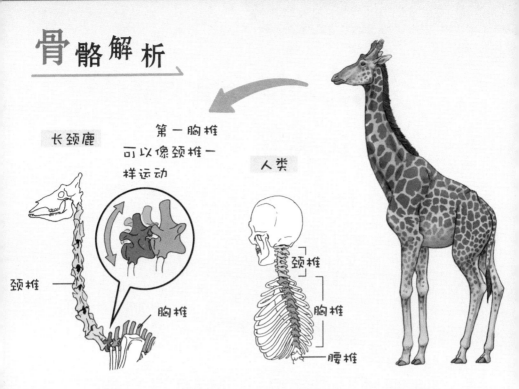

长颈鹿

第一胸椎可以像颈椎一样运动

人类

颈椎

颈椎

胸椎

胸椎

腰椎

长颈鹿的部分脊背骨会像颈椎一样运动

人类、狗、鹿，不同动物的骨头数量千差万别，但哺乳动物脖子的骨头（颈椎）一定都是 7 块。脖子特别长的长颈鹿也不例外，它们的脖子也由 7 块巨大的骨头构成。

不过，2016 年东京大学的一个研究小组对长颈鹿的骨骼和肌肉进行了详细的分析研究后发现，长颈鹿的胸椎（脊柱的一部分）有着特别的运动方式。

长颈鹿距离颈椎最近的第一胸椎会作为颈椎的一部分来运转。也就是说，长颈鹿的脖子上虽然只有 7 块骨头，但从机能上来看，应该有 8 块骨头。即便如此，长颈鹿那么长的脖子，骨头数量和人类只差一块也很不可思议。

> **长颈鹿（哺乳纲鲸偶蹄目长颈鹿科长颈鹿属）**
> 脖子很长，是陆地上最高的动物。生活在非洲，有网纹长颈鹿、南方长颈鹿等品种。

注 长颈鹿的角是骨骼的一部分。刚出生的长颈鹿幼崽角骨倒向内侧，随着身体日渐成长，它们的角骨会慢慢抬起来。

67

天鹅的脖子会弯曲是因为关节数多

天鹅

大多数鸟类有
13~25 块颈椎骨

人类

哺乳动物除
了个别特例之外
都有 7 块颈椎骨

鸟类颈椎的关节数是人类的 2~3 倍

　　大家应该都见过天鹅弯曲着自己长长的脖子整理羽毛的样子吧？它们之所以能那样柔韧地弯曲脖子，其实与它们脖子的骨骼数有关。

　　长颈鹿的脖子那么长，但它们颈椎骨（脖子部位的骨头）的数量和其他哺乳动物一样，只有 7 块。但是鸟类却有约 13~25 块颈椎骨，**天鹅的颈椎骨就多达 25 块**。骨头多就意味着关节多，所以它们才能弯曲脖子。

　　天鹅平常多浮在水面上，觅食时上半身会潜入水中。因为它们的脖子比其他鸟类更长，所以可以将脖子伸到深深的水底，用喙捕食水草、水生昆虫和甲壳动物等。

> 天鹅（隶属于鸟纲雁形目鸭科的几种动物的统称）
> 大型候鸟。大天鹅和小天鹅会从鄂霍次克海沿岸飞到日本过冬。

注 天鹅能浮在水面上多亏了它们屁股里分泌出的油脂。天鹅会将这些油脂涂到羽毛上，这样羽毛之间就会充满空气，变成一个游泳圈。

猫头鹰的脖子可以旋转270度

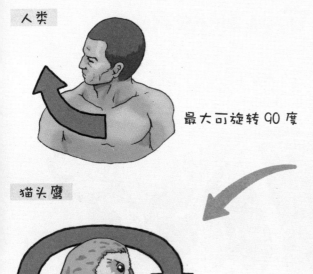

人类

最大可旋转90度

猫头鹰

最大可旋转270度

猫头鹰脖子的骨头数是人类的两倍

　　动物脖子的可转动的范围与骨头的数量相关。人类脖子的骨头只有7块，所以最大只能左右旋转90度，而**猫头鹰的脖子有14块骨头，所以它们的脖子最大可以左右旋转270度**。猫头鹰比其他鸟类更经常转动脖子。

　　很多鸟类的眼睛长在面部的正侧面附近，所以视野比较广，即使不转动脖子也能看到周围的情况。然而猫头鹰等猛禽的眼睛和人类一样，长在脸的正面前部。这样的生长方式下，双眼可以同时看目标物，视野更立体，判断距离也更准确。要想迅速行动抓捕猎物，这是必备的能力。但是，这么一来视野会变窄，所以猫头鹰必须转动脖子，观察周围的情况。

> 猫头鹰（鸟纲鸮形目鸱鸮科林鸮属动物的统称）
> 生活在欧亚大陆北部、日本等地。有耳状羽毛的品种被称作雕鸮。

注 猫头鹰左右耳的位置不同，因此它们能够更立体地捕捉声音，也能更详尽地掌握猎物发出声音时的位置。

龟可以把脖子弯成S形缩进壳里

〈侧颈龟亚目〉

缩头时，将脖子弯曲折叠到一侧

〈曲颈龟亚目〉

缩头时，将脖子弯曲成 S 形

龟可以弯曲折叠自己的脖子

　　龟一旦察觉危险靠近，就会将头和手脚缩进坚硬的龟壳中，进入防御模式。**此时，龟长长的脖子被垂直弯曲成 S 形，头被收入壳中。**

　　龟（龟鳖目）可以分为侧颈龟和曲颈龟两个亚目。这两个亚目最大的区别在于脖子的收拢方式。脖子弯曲成 S 形的属于曲颈龟亚目，栖息在日本的所有龟类都属于这一类。

　　另一类，生活在澳大利亚、巴布亚新几内亚等地的龟属于侧颈龟亚目，它们收缩脖子时采用不同的方法。**它们的脖子不是纵向而是横向弯曲，它们将脖子折叠起来后缩入壳中搭在肩部附近。**

> **龟（爬行纲龟鳖目动物的统称）**
> 　　最大的特征是身体有坚硬的外壳。共有约 300 种品种，如巴西彩龟、陆龟、海龟等。

注 海龟虽然属于曲颈龟亚目，但它们为了能在水中迅速游进，进化了自己的手脚，所以不能将脖子和手脚缩进龟壳之中。

河马的嘴张开
角度是人类的5倍

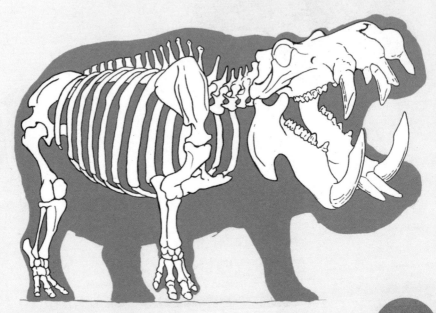

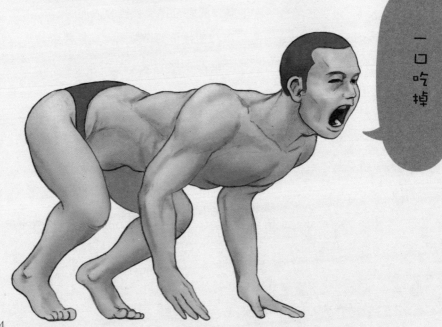

一口吃掉

骨骼解析

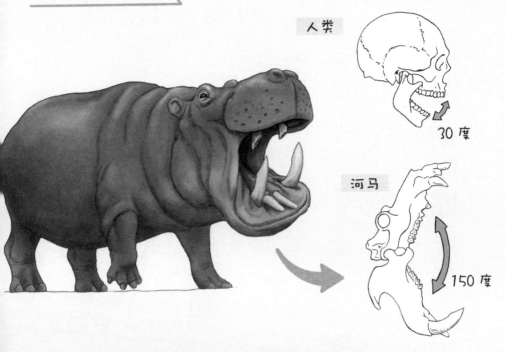

人类

30 度

河马

150 度

越强壮的河马嘴张得越大

一提到河马，印象最深的应该就是它们张大嘴打哈欠的样子了。人类的嘴最大只能张到 30 度，但河马的嘴竟然能张开到 150 度。

河马张大嘴并不是为了打哈欠。河马有很强的领地意识，一旦出现侵略者，它们会主动出击。这时，**它们会张开血盆大口恐吓敌人。**

如果你在动物园看到河马正冲着你大张着嘴，可能它正在恐吓你。如果你也张大嘴回应，河马会有什么反应呢？河马在争斗时，会互相张大嘴比试一番。据说嘴张得更大的一方会获胜。

> **河马（哺乳纲鲸偶蹄目河马科河马属）**
> 生活在非洲的沼泽湖泊地带。根据 DNA 调查得知，河马是与鲸遗传关系最近的陆生动物。

注 河马巨大的牙齿并非为咀嚼食物而用，而是主要用来攻击敌人。有些河马的獠牙长度超过了 50 厘米，咬合力超过了 1 吨。

乌鸦的眼睛里有一块环状的骨头

请看看我的眼睛

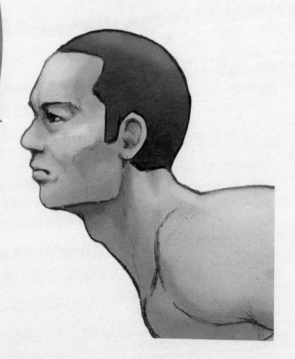

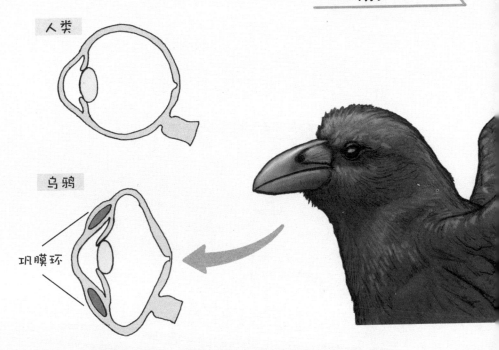

人类

乌鸦

巩膜环

巩膜环可以防止乌鸦的眼球因气压变形

乌鸦的眼部有一块**薄薄的环状骨头**。这块骨头被称作**"巩膜环"**，鸟类、鱼类、爬行类等大部分的脊椎动物都有。但是，人类等哺乳类的眼睛里却没有巩膜环。

有巩膜环的动物，它们的眼球不像人类一样呈球形，都是扁平的。这种眼球抗内外压的能力较弱，有时会因为压力而变形。

然而，生活在水里的鱼需要承受水压，在空中飞翔的鸟则需要忍受气压和风压的变化。所以，据说为了防止眼睛因各类压力而变形，它们选择**用巩膜环支撑眼球**。

> **乌鸦（鸟纲雀形目鸦科几种鸟类的统称）**
> 除南美洲和新西兰以外均有分布。在日本能见到大嘴乌鸦、小嘴乌鸦等品种。

注 鸟类的祖先——恐龙也有巩膜环，我们可以通过巩膜环的大小来推测该种恐龙是否具有夜行性。

独角鲸的角是
顶破头后的门牙

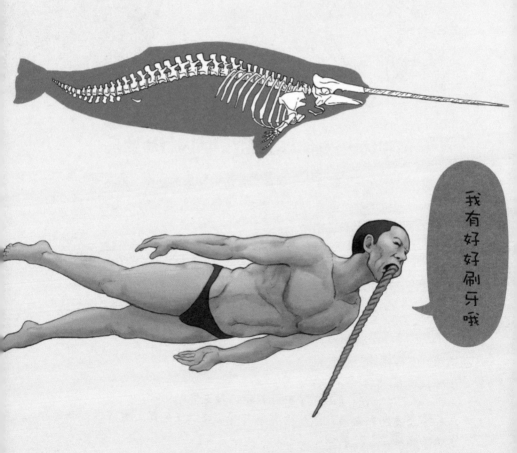

我有好好刷牙哦

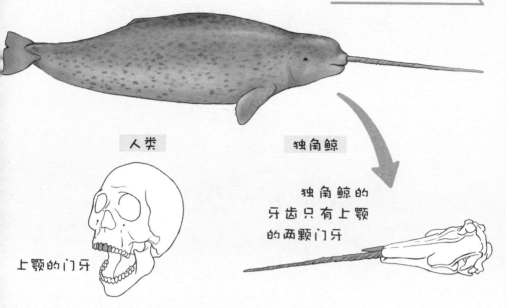

人类

独角鲸

独角鲸的
牙齿只有上颚
的两颗门牙

上颚的门牙

独角鲸中只有雄性的牙齿会长到嘴唇外

独角鲸名字中的"独角"是指它们长在头部的角。这只角通常约有3米长，呈螺旋状。然而事实上这并非角，而是牙齿。

独角鲸的牙齿只有上颚的两颗，由于两颗牙齿都埋在头盖骨中，真正意义上的牙齿其实一颗也没有。不过，**唯独雄性独角鲸左侧的牙齿会不断生长，最终顶破上唇露到外面**，而这正是独角鲸的"角"真正的身份。

这颗牙齿（角）非常容易折断，一旦折断后不会再长出来。所以它不会被用来攻击敌人，而是用来与对手竞争大小，向雌性展现魅力。另外，最新研究表明，独角鲸的角中有神经通过，角还可用作感觉器官，能感知温度、气压等周围环境的变化。

> **独角鲸（哺乳纲鲸偶蹄目独角鲸科独角鲸属）**
> 鲸类动物。生活在北冰洋的大西洋一侧和俄罗斯一侧。通常以20只左右的种群进行活动，也有数量达数百只的巨大种群。

注 约500只独角鲸中会有1只右侧的牙齿也同时生长，变为"两角鲸"。另外，极个别雌性独角鲸也会长出1.2米左右的牙齿。

海豚靠颌骨听声音

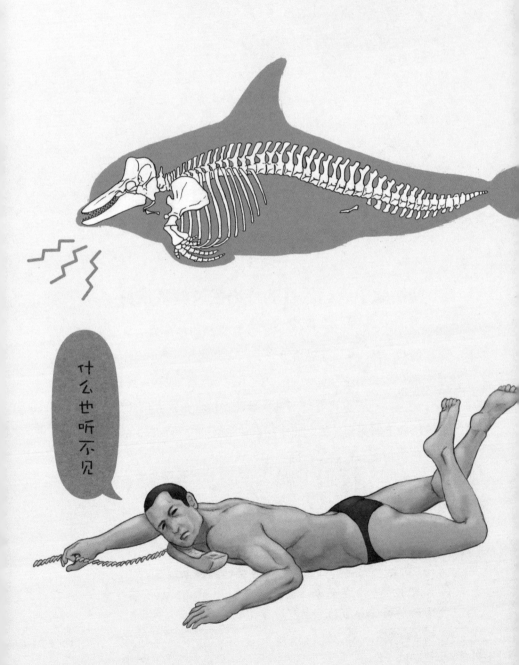

贝多芬
（德国音乐家）

海豚

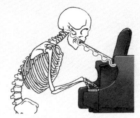

依靠下
颌骨捕捉声
音（震动）

因疾病耳聋，
后来用牙齿衔着指
挥棒抵在钢琴上，
通过骨传导听声音

海豚通过骨头的震动传递声音

海豚眼睛后面有一个小孔，那就是它们的耳朵。不过它们的耳朵被耳垢堵住，几乎没有辨别声音的功能。

相反，**海豚会通过下颌骨传来的震动听声音**。下颌骨捕捉到声音后，下颌内的脂肪会把声音的震动传到耳骨，耳骨再进一步传给内耳，这样就能听见了（即骨传导）。

海豚的视力非常低，只有 0.1 左右，因此声音是它们感知周围环境的重要手段。海豚额头上名为"额隆"的器官可以**发出超声波，超声波碰到物体后会传来回声，海豚正是通过回声来确定目标物的距离、方向、大小和材质等**。据说它们能听到数百公里外的声音。

> 海豚（哺乳纲鲸偶蹄目鲸类齿鲸小目中部分小型物种的统称）
>
> 海豚和鲸在生物分类上没有区别，不存在海豚这一"种"。[本书采用的是日本动物分类学的学说。中国分类学一般认为海豚是对哺乳纲（鲸）偶蹄目海豚科的一类水生哺乳动物的统称，为小型或中型齿鲸。目前学界对海豚的定义和分类存在多种学说。]

注 海豚为了减少水的阻力，让自己进化成能游得更快的物种，耳朵逐渐缩减成了一个小洞。

只有人会肩酸

重力

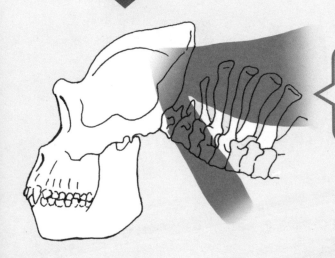

猴子的头骨悬挂在脊柱之下，靠发达的颈部肌肉支撑

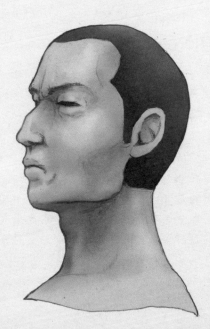

没法锻炼颈部肌肉！

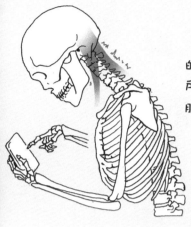

支撑人类脖子的肌肉力量很弱，所以一旦身体前倾，肌肉负担就会加重

重力

人

头盖骨在脊柱正上方，所以颈部肌肉几乎无法使用

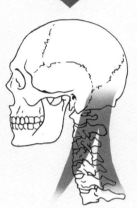

肩酸是人类智能化的代价

现代社会很多人为肩酸苦恼。肩酸的产生其实与人类进化后的骨骼构成有关。

对比人类和猴子的骨骼，我们会发现人类的头在脊柱的顶端，而猴子的头却是从脊柱悬挂向下的。

人类的智慧进化发展后，重重的头颅被从正下方支撑住，直立行走得以实现。但随之而来的是颈部肌肉力量的萎缩，**身体只是简单前倾就会给脖子造成负担。**

而对于四条腿走路的猴子而言，身体前倾本就是最基本的姿势，所以支撑它们颈部的肌肉非常发达。因此脖子附近的肌肉不会疲劳，也不会出现肩酸的问题。

> **人（哺乳纲灵长目人科人属）**
> "智人"即现在的人类。有关人类的起源，现在最主流的学说为"非洲单一起源学说"，即人类诞生于非洲，后来迁徙到世界各地。

注 人的头部重约 5~7kg，约等于一个保龄球的重量。

人类有尾骨

通过骨头可以了解物种的变化

动物在进化过程中，身体某个部分可能会缩小并最终消失。例如，鼹鼠常年生活在地下黑暗的环境中，眼睛起不了什么作用，因此鼹鼠的眼睛很小，机能也逐渐丧失了。这种现象称作"退化"。**观察动物的骨骼可以发现，不少动物身上仍然残留有因退化而失去的器官的痕迹。**

试着观察一下人体的骨骼吧。你会发现人的屁股后侧有一块尾骨。

这块骨头由脊柱延长线上的 4~5 块尾椎骨融合而成。尾骨，顾名思义，就是尾巴的骨头。可是，人类并没有尾巴。我们的祖先在进化成人之前，**曾是猿猴类的一员，当时是有尾巴的。人类现在的尾骨就是当时的历史残留。**

人类为什么失去了尾巴？

人类与猿猴类动物十分相似，特别是黑猩猩，它们与人类有 90% 以上相同的 DNA。据说在距今约 500 万年前，人类与黑猩猩的共同祖先开始分化，各自进化成了现在的模样。**而双腿行走是这一分化产生的重要因素。**

人类与黑猩猩的共同祖先曾栖息在树上，它们当中的一部分选择下到地面生活。在树上生活时尾巴很有用处，能勾住树木，还能帮助保持平衡。但是，一旦开始地面行走的

啊？！

生活后，尾巴就不再是必需品了。因此人类的尾巴逐渐退化消失了。

然而，灵长类动物中，不只人类，黑猩猩、倭黑猩猩、大猩猩、红毛猩猩、长臂猿等类人猿也没有尾巴。特别是红毛猩猩和长臂猿，它们几乎一直在树上生活，但没有尾巴。为什么它们和人类一样也都失去了尾巴，真正的原因现在还无法知晓。

人类已经有很长一段时间没有尾巴了，但或许是由于有过尾巴的记忆刻在了 DNA 里，所以婴儿在母亲的肚子里时就开始长尾巴了。母亲怀孕两个月后，婴儿的尾巴渐渐消失，等到出生时，尾巴已完全消失不见，而尾巴残留的痕迹就只剩尾骨了。

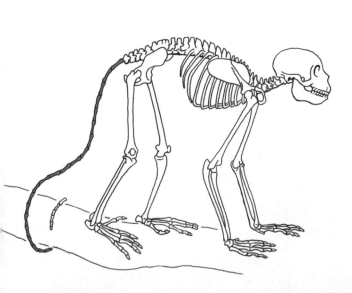

动物们失去腿后残留在身上的骨头

像人类的尾骨这样，虽然因为在现今生活中用不上而消失了，但仍然保留了一点点形状的器官，我们称之为**"痕迹器官"**。

试想一下鲸在海中遨游的样子。鲸是哺乳动物，但它们没有手脚，它们利用自己巨大的鳍和尾巴像鱼一样游来游去。但是，观察鲸鱼的骨骼可以发现，它们身上还留有一丁点儿骨盆的痕迹。从这点可以看出，**鲸的骨盆里以前也曾长出过后腿。**

鲸长时间生活在水中，腿没有任何可用之处。于是，慢慢地它们的前腿演变成了鳍，后腿逐渐缩短直至消失。

此外，蛇弯曲着细长的身体在地面爬行，而它们的身上其实也有腿的痕迹。

蟒蛇类的泄殖器（类似哺乳动物的肛门）附近长有一块名叫"距"的小爪子，那里有一块小小的类似脚的骨头。**这就是蛇足的历史遗留。**

蛇足消失的理由众说纷纭。有人认为蛇因为生活在地下，为了方便通过洞穴，所以才进化成了现在的样子。不过真相如何，现在还不得而知。

鲸和蛇也有脚

蓝鲸

蟒蛇

缩小后的骨盆

缩小后的后脚（距）

与古代鱼相同的样子

很多动物会根据环境进化，但也有部分动物从古至今几乎没做什么改变一直存活到现在。鲨鱼就是其中之一。

如果给鲨鱼拍 X 光照片，你会发现它的骨头几乎显示不出来。因为鲨鱼所有的骨头都是软骨。

大家吃过鸡软骨吗？鸡软骨很有弹性，嚼起来很脆。人体中也有软骨，主要位于关节部位，夹在骨头和骨头之间，起缓冲垫的作用。

古时候的鱼类全身所有的骨头都是软骨。后来，它们为了强健自己的体魄，吸收了钙质，进化成了结实的硬骨。

然而，鲨鱼和鳐鱼等软骨鱼没有将骨头进化为硬骨，软骨一直保留到了现在。**鲨鱼体内的钙质没有用在骨头上，而是用到牙齿的生长上了。**所以它们的牙齿即使掉了，也会立刻长出新的牙齿来，而且可以反复生长多次。

和硬骨相比，软骨容易腐败消失，所以很少能发现古代鲨鱼的全身化石。相反，鲨鱼像硬骨一样坚硬的牙齿化石倒是经常能见到。

鲨鱼在 Ｘ 光下骨头显现不出来

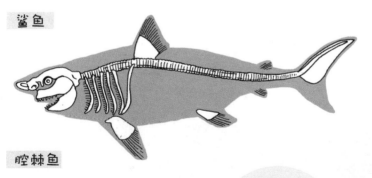

鲨鱼

腔棘鱼

腔棘鱼被称作"活化石"，它们没有脊柱，靠软骨组成的软管代替脊柱支撑身体。另外它们也没有肋骨。

这是哪种动物的姿势?

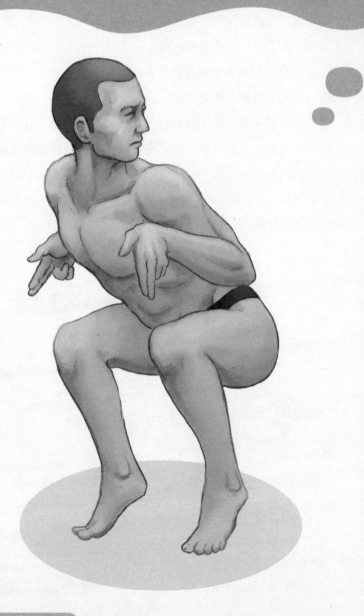

答案见第 70 页

第四章

吃

变色龙的舌头里有一根骨头

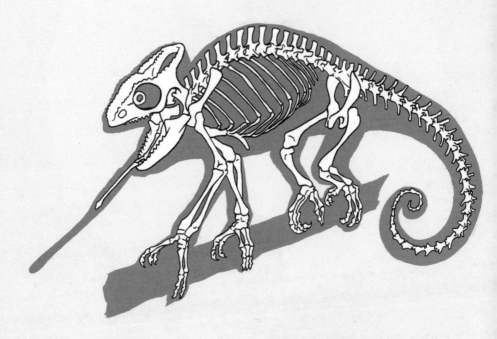

骨骼解析

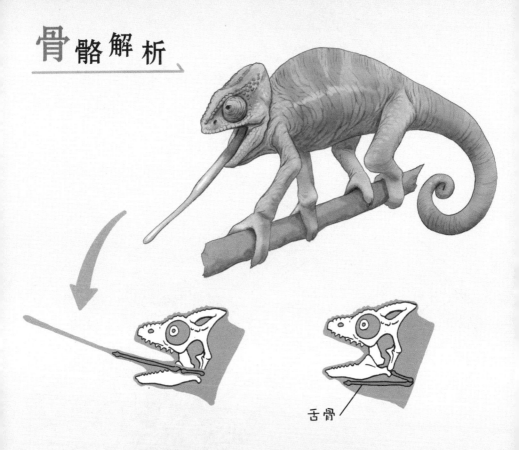

舌骨

变色龙舌头的长度超过了身长

变色龙（学名避役）会把舌头伸成一条直线捕捉猎物。舌头伸长后又缩回口中，它们完成这一系列的动作只需要 0.05 秒，比眨眼还快。

之所以能这么迅速，关键在于支撑变色龙舌头的"舌骨"。变色龙的舌根有一根细长的骨头，平常舌头的肌肉在这根骨头周围呈蛇腹状缩成一团，一旦发现猎物，舌骨就会以射箭般的速度推伸向前，原本缩起的肌肉也会顺势伸展成细长的条状。据说，变色龙伸长后的舌头比自己的身长还要长。这么长的舌头能伸长成一条直线，都是"舌骨"的功劳。

> ### 变色龙（爬行纲有鳞目避役科动物的统称）
> 生活在非洲大陆和马达加斯加岛，属于蜥蜴大类。最大的特点是身体颜色可以变化。捕食昆虫时会伸长舌头。

注 变色龙可以让体表颜色发生变化进而融入背景色，还可以让双眼朝不同方向运动。

龟像吸尘器一样
把猎物吸进去

哧溜

哧溜

骨骼解析

人类

龟

水流

舌骨

舌骨把喉囊撑大

龟用强大的吸力吸食鱼类

龟在水中将猎物连同水一起吸进肚子里食用。**这种进食方式称作"吸食"**。鲸类、日本大鲵、海象等动物也会采用同样的办法。

特别是海象，据说它们的吸力强大到可以只吸入贝类的肉体部分。龟的吸力也不逊色于海象，它们能瞬间将正在游泳的小鱼吸入嘴里。

龟之所以能够突破水流的阻力，发出让鱼无法逃走的吸力，**主要得益于巨大的舌骨以及与之相连的肌肉**。通过它们的运作，龟能让口腔内的压力迅速下降，好像大型吸尘器一样，一口气将周围的东西都吸进去。

龟（爬行纲龟鳖目动物的统称）
采用吸食方式进食的龟大多生活在水中。特别是南美洲的枯叶龟很有名。枯叶龟的嘴大到延伸到耳朵后方，一张嘴就能将猎物吸食进去。

注 龟嘴和鸟类的喙一样，没有牙齿。它们用嘴将猎物咬断，然后整个吞下去。另外，世界最大的龟类"棱皮龟"的口内有刺状突起。

狮子的颌骨只能上下运动

骨骼解析

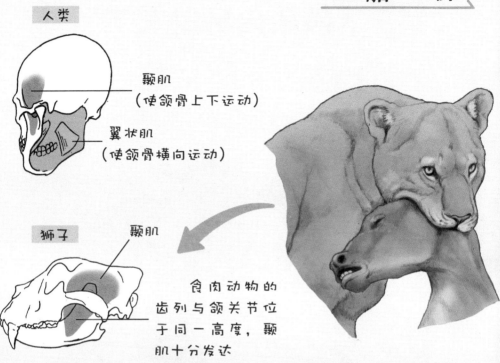

人类

颞肌
（使颌骨上下运动）

翼状肌
（使颌骨横向运动）

狮子

颞肌

食肉动物的
齿列与颌关节位
于同一高度，颞
肌十分发达

狮子先用颌骨锁住猎物再用槽牙撕开

人类在咀嚼食物时，颌骨会上下运动，与此同时，人的颌骨还能在某种程度上左右运动。然而，**狮子等肉食动物的颌关节只能上下运动**。

颌骨的活动范围被限制后，食肉动物在狩猎时一旦咬住猎物就能将其锁紧，让它们无路可逃。此外，**肉食动物的槽牙还是裂齿，具有很强的撕裂功能**。颌骨上下运动时，裂齿就像剪刀一样，轻而易举就能把肉撕开。

另一方面，草食动物的颌关节则很柔软，颌骨可以前后左右自由滑动。因此它们可以用槽牙将草细致地碾碎后再食用。

狮子（哺乳纲食肉目猫科豹属）

大型食肉动物，共有两大品种：非洲狮（栖息在撒哈拉沙漠以南的非洲大陆）和亚洲狮（栖息在印度西北部）。

注 雄狮气派的鬃毛很显眼，不适宜狩猎。所以狮群中负责狩猎的通常是雌狮。

牛下颌的门牙是菜刀，上颌的牙龈是菜板

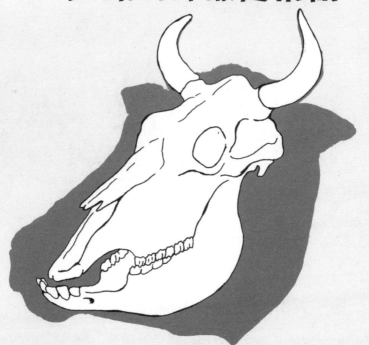

牙齿掉了，吃东西很不方便

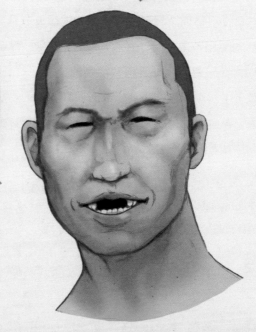

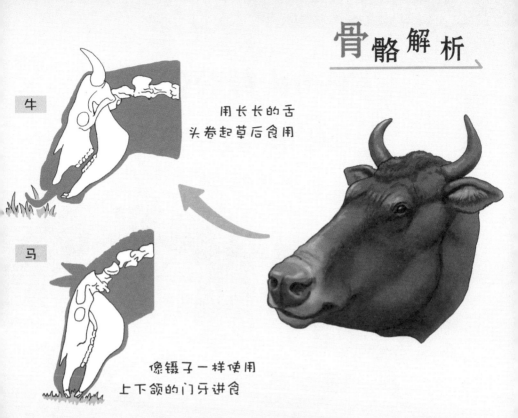

牛

用长长的舌头卷起草后食用

马

像镊子一样使用上下颌的门牙进食

牛只有下颌有门牙

正常人类的牙齿不管是门牙还是槽牙都上下对称，生得很齐整。但是牛却不一样，**它们只有下颌有门牙，上颌是平坦坚硬的牙龈。**

牛以外的草食动物如何呢？例如马的上下颌就很长，它们的门牙长在颌骨前端，形状像镊子一样。即使是地面上很矮小的草，它们也能用镊子尖一样的门牙将其夹起，拔起来吃进肚子里。

然而牛却无法用门牙把草拔起来送进嘴里。相反，牛可以很灵活地运用自己长长的舌头。**它们用舌头卷起草，下颌的门牙是菜刀，上颌的牙龈是菜板，就这样灵活地将草在口中"切"碎后食用。**

牛（哺乳纲鲸偶蹄目牛科动物的统称）

很早就被人类驯化来从事农耕和搬运工作。虽然长得不太像，但山羊和绵羊等也属于牛科动物。

注 鹿、长颈鹿、骆驼等上颌没有门牙的草食动物会把胃内消化过的食物再送回口中重新咀嚼。

蛇的头部骨骼内
有很多关节

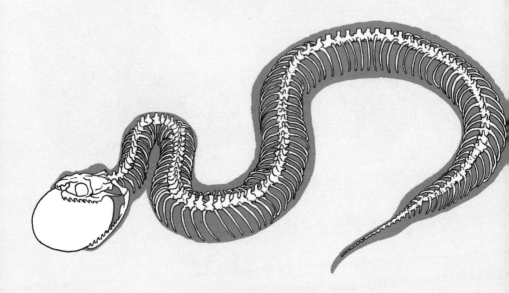

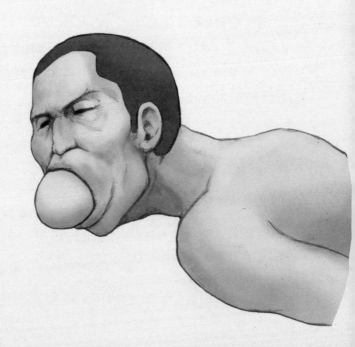

能塞成这样了 最大也只

骨骼解析

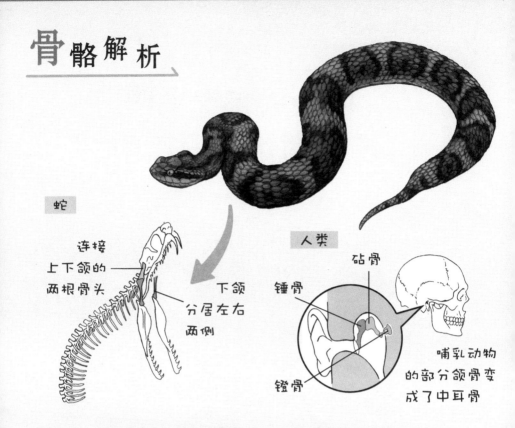

蛇

连接上下颌的两根骨头

下颌分居左右两侧

人类

砧骨

锤骨

镫骨

哺乳动物的部分颌骨变成了中耳骨

蛇的下颌骨分成两部分，可各自运动

蛇能吞食比自己的头大数倍的猎物。之所以能做到，奥秘其实隐藏在它们头部的关节数上。

爬行动物不像人类一样有外耳，它们利用颌骨中的方骨和关节骨感知地面的震动，之后将震动传递给内耳。而蛇的方骨和关节骨之间还有关节，所以它们的嘴比一般爬行动物的活动范围更大，**上下最大可以开合到 180 度。**

而且蛇不用手就能把猎物吞咽下去。**蛇下颌骨的前端分成了左右两边，且两边可以分别运动。**蛇的下颌骨可以与上颌两列牙齿的内侧相联动，左右交替着向前后滑动，这样就能将猎物送进喉咙深处。

蛇（爬行纲有鳞目蛇亚目动物的统称）

除南极大陆外，全世界均有分布。据称约有 3700 个品种。特点是身体细长，没有手脚。

注 蛇没有肩膀也没有腰，自头以下都是脊柱和肋骨。蛇通过活动肋骨来向前行进。

食蚁兽的下颌
左右两边是分离的

骨骼解析

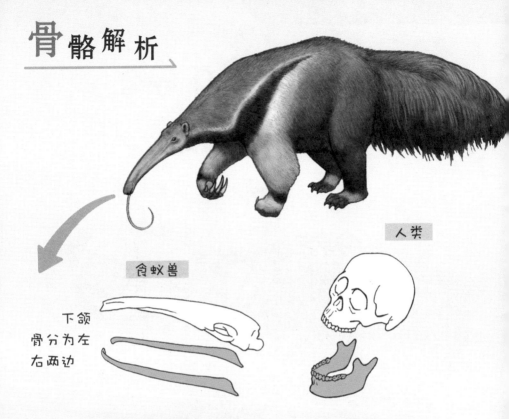

人类

食蚁兽

下颌骨分为左右两边

食蚁兽的下颌分成两边，舌头从中间出入

食蚁兽如其名，主要以蚂蚁和白蚁为食。细长的吻部是它最大的特征。**食蚁兽长达 60 厘米的舌头黏性十足，可以从吻部多次高速进出。**它们总是用舌头黏住蚁窝中的白蚁，然后收回嘴里。

虽然表面上看不出来，但其实食蚁兽在伸舌头和收舌头时，下颌骨都会做出奇怪的动作。它们会先缩紧整个口部，将蚁窝中的部分白蚁确定为狩猎目标后，像射箭一样突然伸出舌头。到了要把长长的舌头收回来时，为了回收方便，它们又会把口腔撑开。**食蚁兽的下颌骨左右两边是分离的，**它们收紧或撑开整个口部时，其实都少不了要借助下颌骨的开合来完成。

食蚁兽（哺乳纲披毛目蠕舌亚目动物的统称）
圆筒状的嘴是最大的特征。生活在南美洲的草原、森林和稀树草原等地。可分为食蚁兽科、侏食蚁兽科两类。

🈂 食蚁兽没有牙齿，它们进食时会将蚂蚁直接吞下肚。动物园会把狗粮或肉糜等碾碎制作成酱喂它们。

仓鼠的上下颌骨
可以分离

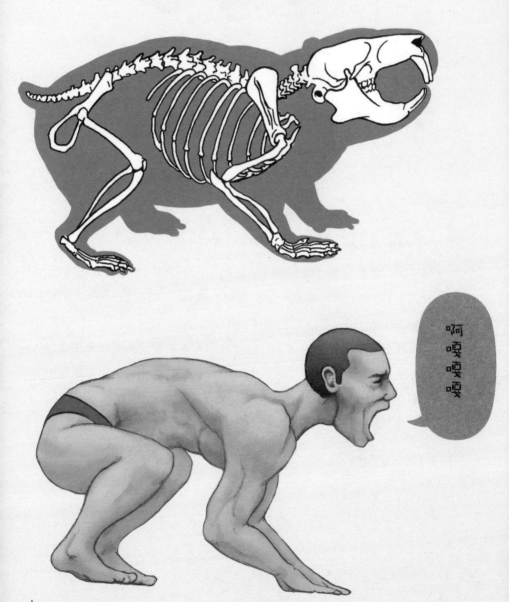

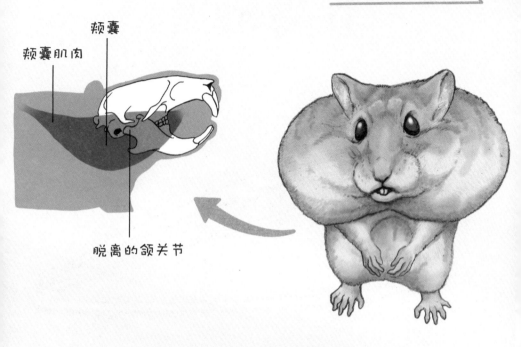

颊囊肌肉

颊囊

脱离的颌关节

仓鼠的颊囊可以膨胀到肩部

仓鼠一旦发现食物，就会将它们尽可能地塞入口中。仓鼠的收纳能力十分出众，据说它们的颊囊最大可以膨胀到自己身体的三分之一。为什么仓鼠能够把自己的颊囊撑得这么大呢？

其实，仓鼠的颊囊不仅在嘴周围，还延伸到了肩膀附近。**它们可以让自己的上下颌骨分离，方便颊囊顺利从中通过。这么一来，颊囊就不会被颌骨关节所阻碍，可以直接膨胀至肩部深处。**

顺带一提，仓鼠不会直接食用嘴里的食物，而会先搬运回自己的巢穴暂时储藏起来。

> **仓鼠（哺乳纲啮齿目仓鼠亚科动物的统称）**
> 拥有大颊囊的鼠类动物。黄金仓鼠、黑线毛足鼠（加卡利亚仓鼠）等常被养作宠物。

注 仓鼠母亲如果察觉到有危险，有时会将小仓鼠放入颊囊中转移到安全场所。

吞鳗的头很小

头盖骨
↓

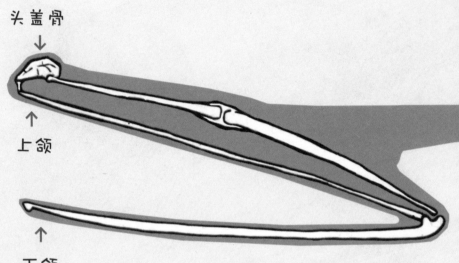

↑
上颌

↑
下颌

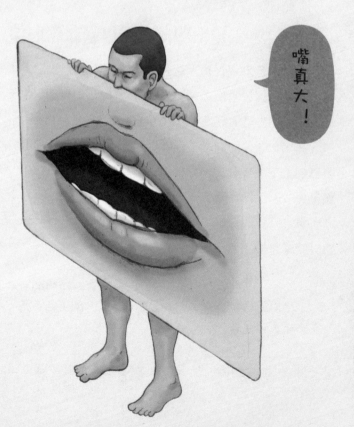

嘴真大！

骨骼解析

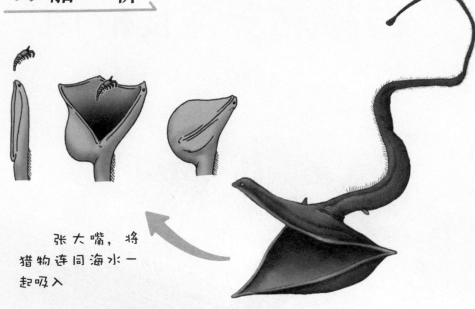

张大嘴，将猎物连同海水一起吸入

深海鱼吞鳗有着和鹈鹕一样的嘴巴

吞鳗（又称"宽咽鱼"）是一种生活在全球各地温暖海域的深海鱼。那张大嘴是它们最大的特征。它们也因此被称作"深海的鹈鹕"。

吞鳗头部约 95% 的部分都是颌骨。观察它们的骨骼可以发现，它们的头盖骨很小，长在巨大的上颌之上。很明显，它们颌骨与头盖骨的大小非常不协调。

吞鳗主要以小型甲壳类动物和浮游生物为食，它们会张开血盆大口，高效地将猎物一口吞下去。

有关吞鳗具体的生态情况，现在仍有许多未解之谜。有一派学说认为它们在食物不够时也会食用大型鱼类，所以嘴才能张这么大。不过也有人表示，吞鳗的牙齿其实很小，颌骨也不太坚硬。

> **吞鳗（硬骨鱼高纲囊鳃鳗目宽咽鱼科宽咽鱼属）**
> 生活在大西洋、印度洋、太平洋等各大洋暖海区的深海鱼。

注 吞鳗由于嘴实在太大，所以它们鳃的位置不在头部，而在肛门附近。吞鳗确实是一种很奇怪的鱼类。

105

白犀和黑犀没有门牙

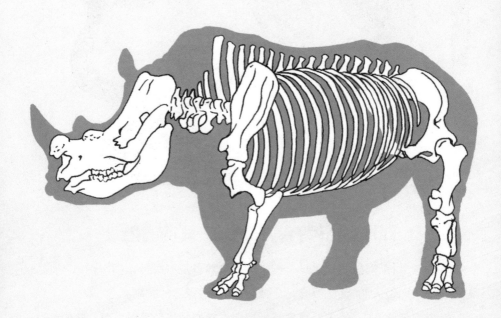

嗷呜

骨骼解析

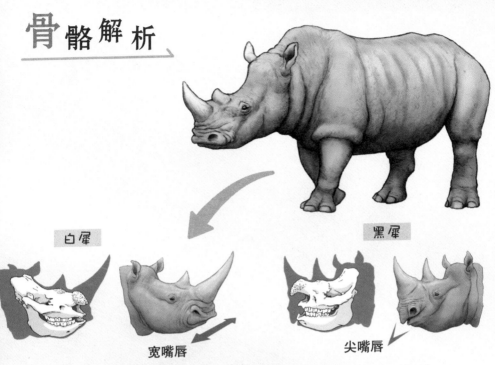

白犀

黑犀

宽嘴唇

尖嘴唇

适宜啃食平地上生长的草

适宜叼啄树叶并食用

白犀和黑犀用嘴唇嚼碎食物

全球现在共有 5 种犀牛，其中，白犀和黑犀生活在非洲大陆上。

观察这两种犀牛的牙齿排列可以发现，它们的牙齿和其他三种犀牛的不同，**它们没有门牙，只有槽牙（臼齿）**。门牙的功能主要是嚼碎食物，而白犀和黑犀没有门牙，所以它们用嘴唇代替门牙用力揪取植物进食。

另外，白犀和黑犀喜好的食物不同，所以它们嘴唇的形状也不一样。为了方便啃食生长在平坦地面上的草，白犀的嘴唇长得扁平且宽阔。而黑犀主要食用较高处的树叶和果实等，因此为了方便叼啄，它们的嘴唇是尖尖的。

> **犀牛（哺乳纲奇蹄目犀科动物的统称）**
>
> 除了白犀、黑犀之外，犀科动物中还有生活在印度的印度犀、生活在马来西亚和印度尼西亚的爪哇犀和苏门答腊犀。

🐾 **注** 白犀的名字是误译而来的。白犀原本叫"宽犀"，因为它们的嘴唇很宽（wide），负责翻译的人误把宽（wide）听成了白（white）。

海鳝的嘴里还有一个嘴

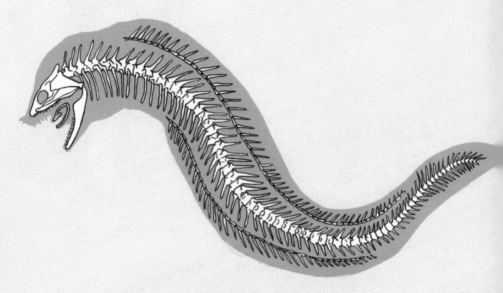

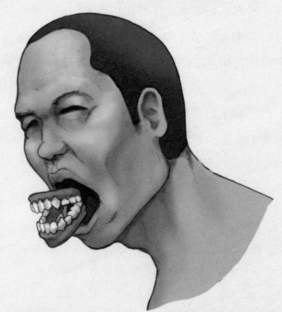

咔嚓

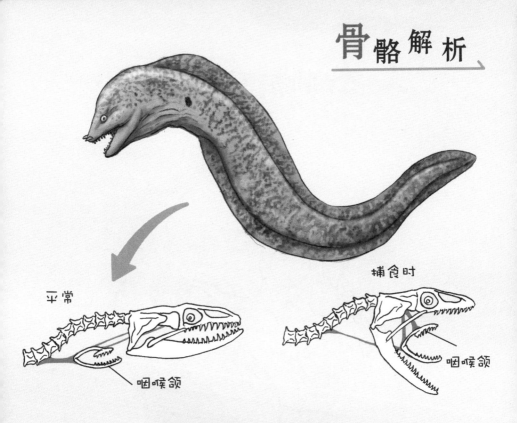

平常

捕食时

咽喉颌

咽喉颌

海鳝用两套颌骨紧咬猎物

海鳝是一种凶猛的肉食鱼类，它们的捕食方法相当凶悍。

首先，它们会用大嘴巴和锋利的牙齿咬住猎物，接着，**从它们的喉咙深处又会弹出第二套颌骨，进一步咬住猎物。**接着，它们会让外侧的嘴张开，用第二套颌骨咬折猎物的身体，再将猎物拖拽咽进喉咙深处。这第二套颌骨被称作"咽喉颌"。

一般来讲，鱼类捕食时都会张大口，将猎物连同周围的水一起吸进嘴里。但是海鳝由于需要把头伸入岩石缝隙间捕食猎物，所以无法将嘴长得太大。因此它们才进化出了这种不用张大嘴也能咬折猎物身体的捕食方法。

海鳝（硬骨鱼纲鳗鲡目鳝亚目鳝科动物的统称）

大型肉食鱼类。拥有锋利的牙齿。全球的暖海区都有生存。日本的琉球群岛周围也能见到。

注 海鳝是日本龙虾的"保安"。海鳝喜食章鱼，而章鱼又爱以日本龙虾为食。所以海鳝会从旁侧突然啃食靠近日本龙虾身边的章鱼。

人类的虎牙正在退化

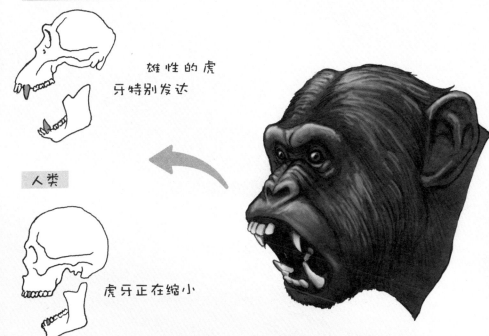

黑猩猩等猿猴类动物

雄性的虎牙特别发达

人类

虎牙正在缩小

人类学会使用工具后牙齿不断退化

黑猩猩与人类拥有相近的基因。观察它们的嘴边我们可以发现，它们的虎牙已经突破齿列延伸到了外面。特别是雄性黑猩猩，它们的虎牙很大，且尖锐锋利。而人类的虎牙却和其他牙齿差不多大小。

黑猩猩利用它的大虎牙，嗑碎树木坚硬的果实。有时它们还会露出尖锐的牙齿威慑敌人。

人类的祖先曾经也拥有很大的虎牙，自从进化到能使用手之后，人类就不用牙齿，而改用石头砸果实，用武器威慑敌人了。虎牙不再有用后，便逐渐退化变小了。

> **人（哺乳纲灵长目人科人属）**
> 据说人类的祖先原本是食用水果和树芽的偏草食性动物，学会狩猎后才变成了偏肉食性的杂食动物。

注 近年来，随着饮食结构的不断调整，人类的脸越变越小。然而，牙齿却没有随之变小，所以有越来越多的人颌骨包不住牙齿，进而出现牙齿排列不齐或龅牙的问题。

人的牙齿要长两次

在颌中做准备的牙齿

牙齿是人体重要的骨骼之一，也是人体最坚硬的部分。牙齿的生长方式因动物而异，**人类一生有两段牙齿生长期。**

最开始长的牙齿叫"乳牙"。刚出生的婴儿口腔内看起来好像没有牙齿，但其实牙齿的胚胎已经存在于他们的颌骨中了。（部分婴儿刚出生就有牙齿。）

形成牙齿胚胎的细胞叫"牙胚"，婴儿还在母亲肚子里时，"牙胚"就已经在颌中形成了。"牙胚"与婴儿的身体一同成长。婴儿出生 6~9 个月后，"乳牙"从牙龈中冒出来，到了 2~3 岁，总计 20 颗乳牙全部长齐。接着**在乳牙的下方，未来即将生长出来的"恒牙"开始做准备。**牙齿中露在外面看得见的部分称为"牙冠"，埋在牙龈中看不见的部分称作"牙根"。

牙齿的牙冠部分首先在牙龈中形成。牙冠形成后，牙根再开始生长。这时，能融化乳牙根部的"破骨细胞"被释放出来，慢慢溶解掉乳牙的根部。乳牙之所以会松动，正是这个原因。

6 岁前后，乳牙开始逐渐掉落，恒牙慢慢显露真容。到了 12 岁左右，乳牙会全部替换为 32 颗恒牙。这就是人的牙齿生长与蜕变的过程。

啊？

孩子的牙齿与大人的牙齿

由"乳牙"换成"恒牙"的特性称为"二生齿性"。我们要想告别母乳，开始吃饭，一副结实强大的牙齿必不可少。

但是，由于婴儿颌骨较小，所以无法一开始就长出所有需要的牙齿。于是，人类便长了一副相对较小且数量较少的"乳牙"用来过渡。除人类以外，狗和猴子也都是"二生齿性"。

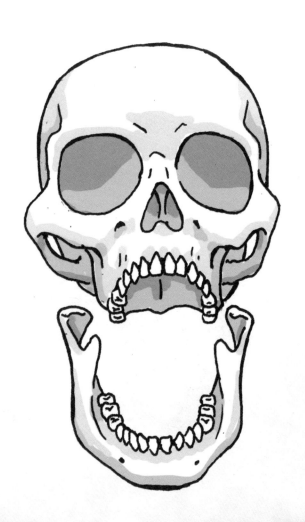

牙齿的寿命等于生命的寿命

　　人类在孩童时期乳牙就会掉光，之后恒牙从乳牙牙床的下方新长出来。恒牙一旦掉落，就不会再长出新牙了。不仅人类如此，绝大多数哺乳类动物也一样，一生只长两次牙齿。

　　然而，大象的臼齿可以更换6次。所谓"臼齿"即用来研碎食物的牙齿，人类的牙齿中，上下左右各有6颗臼齿。观察大象的颌骨，我们只能看到大象上下左右各有一颗大的臼齿，但其实在这几颗臼齿的深处，在颌骨之中，还隐藏着我们看不见的臼齿。

　　大象以植物坚硬的叶子和根部为食，所以臼齿会不断磨损。但是，由于它们拥有长达70~80岁的寿命，为了保证在寿命终了前臼齿不会被磨损到无法进食，它们创造了一种特殊的结构。

　　大象的臼齿在不断研碎食物的过程中逐渐磨损变小，之后隐藏在旧的臼齿后方的未使用的新臼齿又会慢慢露出头来。如此反复，大象的臼齿实际上会更换6次，它们通过这样的办法让牙齿的功能得以一直保持。

大象的牙齿输送带式地生长

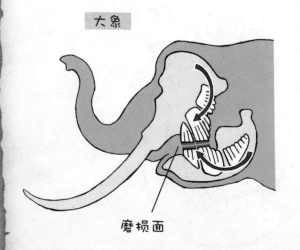

大象

磨损面

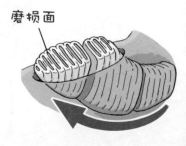

大象的牙齿

磨损面

※大象的臼齿不断顶推向上生长

114

鲨鱼的牙齿一碰就掉？

鲨鱼一生要换数万颗牙齿。人的牙齿长在牙龈里，颌骨提供了稳定的支撑，因此除了换牙时以外，通常不会轻易掉落。然而，鲨鱼的牙仅由牙龈支撑，所以非常容易松动掉落，有时甚至只是简单咬住猎物，牙齿就会啪嗒一下掉落下来。

但是根本不用担心。鲨鱼掉落的牙齿下方，**还有很多预备的牙齿在等候长出**。鲨鱼牙掉落后，下一个牙齿立马就会被顶推到前面，牙齿很快就能恢复原样。**其实，鲨鱼的牙齿是由它们体表的鳞片生成的**。鲨鱼的皮肤上罗列着许多名叫"盾鳞"的鳞片，它们的成分与牙齿相同。这些鳞片的成分移动到鲨鱼的口中，变成了牙齿。因此鲨鱼的牙齿又被称作"皮齿"。

正因如此，如果有人全身的皮肤触感粗糙，我们会说他属于"鱼鳞肤质"。据说不止鲨鱼这样，包括我们人类在内，脊椎动物的牙齿都不来自颌骨，而是来自皮肤上生长的坚硬鳞片等物体。

鲨鱼的牙齿可以更换数万次

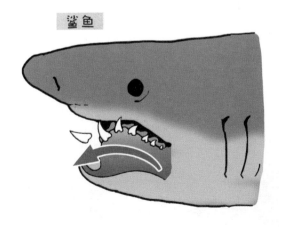

鲨鱼

鲨鱼的牙齿

（大白鲨）

※鲨鱼的牙齿因品种不同，形状各有差异

115

这是哪种动物的姿势？

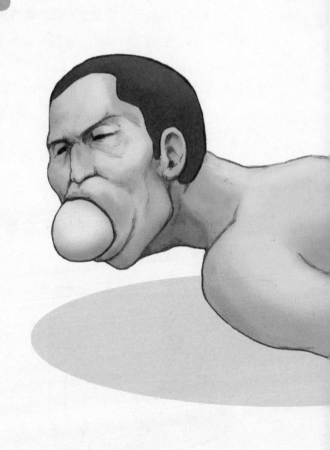

答案见第 98 页

第五章

遗憾的骨骼

翻车鲀的身体
有一半没骨头

骨骼解析

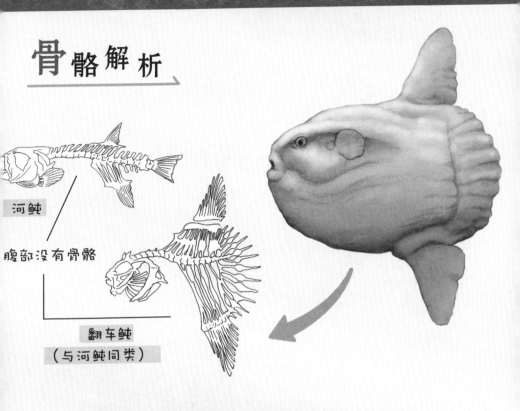

河鲀

腹部没有骨骼

翻车鲀
（与河鲀同类）

绣花枕头？翻车鲀身体看着大其实内里空空

有传言称翻车鲀动不动就死翘翘。看到它们那副与巨大身形极不相称的空骨架子，似乎很容易就会相信这种说法。其实，翻车鲀并非比其他鱼更柔弱。

翻车鲀和河鲀、刺鲀是近亲。河鲀和刺鲀为了避免被天敌活吞，会**采用吸水让身体膨胀的方法抵御天敌**。为了让身体能膨胀得更大，它们把腹部周围的骨头都舍弃了。

但是，**翻车鲀不像河鲀，它们没有选择吸水膨胀身体的方法，转而走向了让身体巨大化的进化道路**。不过它们的骨骼依然以河鲀类的身体为原型，所以肚子周围和头的后部也都是空空如也。

> **翻车鲀（硬骨鱼纲鲀形目翻车鲀科翻车鲀属）**
> 扁平的身形是它们最大的特征。身形巨大，最长可达3米，属于硬骨鱼纲中最大级别的鱼类。

注 翻车鲀没有尾鳍，它们利用发达的背鳍和臀鳍在水里游来游去。通常，它们的游速很慢，只有2km/h，不过一旦认真游起来，速度可以达到12km/h。

兔子仰面朝天时
呈后仰下腰的状态

骨骼解析

仰面朝天的兔子

内脏

脊背弯曲才是兔子"正确的"姿势

动物在面对捕食者时，有时会假装自己死了。这种状态我们称作"假死状态"。引发假死的条件、姿势和持续时间每种动物各不相同，比如鸽子、青蛙以及**兔子等动物有时会突然仰面朝天，一动不动跟死了一样**。只要将兔子翻过身仰面放着，它即刻就会变得温顺听话，这是**因为它已经陷入了假死状态**。

然而，这个姿势非常危险。兔子的脊柱原本就是弯曲的，有点类似人类驼背时的样子，一旦仰面躺平之后，脊柱就会变平整，用人类的状态来比喻的话，就是变成了后仰下腰的状态。另外，这种状态下内脏之间也会彼此压迫，骨骼和内脏都会承受巨大的负担，甚至有骨折的危险，所以还是尽量不要将兔子翻身倒置。

> **兔**（哺乳纲兔形目动物的统称）
> 兔子最大的特点是它们大大的耳朵。野生兔子生活在草原、岩石地带、热带雨林、雪原等全世界各类地理区域。

注 兔子的身体由富含空气的"含气骨"构成。它们的身体很轻盈，能够跳得很高，但也可能会因为触地时的冲击力而骨折。

鹿豚的獠牙
快要刺到自己的头颅

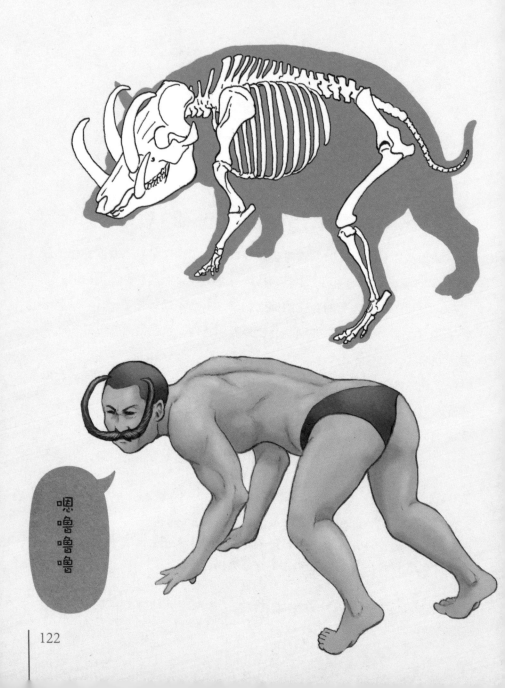

骨骼解析

鹿豚的
"死亡獠牙"
甚至可以贯穿
自己的上颌骨

偶尔有个别鹿豚上颌的獠牙会长到刺破头顶

鹿豚是一种类似野猪的动物，主要栖息在印度尼西亚。**雄性鹿豚的獠牙顶破上颌骨，从鼻子顶端伸出后，朝头顶弯曲生长。**

有人看到鹿豚这样的长相，称它们最终会因为獠牙刺穿头部而死亡，并称它们为**"见证自己死亡的动物"。**

目前还不清楚鹿豚獠牙的生长方式为什么会这样奇怪，有研究认为这或许是为了吸引雌性的注意。

据说雄性鹿豚在争斗时，会努力将对方的獠牙折断。不过事实上，獠牙断裂后的鹿豚似乎要比未断裂的个体更受雌性欢迎。

鹿豚（哺乳纲鲸偶蹄目猪科鹿豚属）
一种主要栖息在印度尼西亚苏拉威西岛上的珍稀动物。

注 鹿豚喜食含剧毒氰化物的马来亚大风子。食用时，它们会饮用有中和作用的温泉水或泥浆，以达到解毒的功效。

蜥蜴尾巴断掉后
新长出来的是软骨

骨骼解析

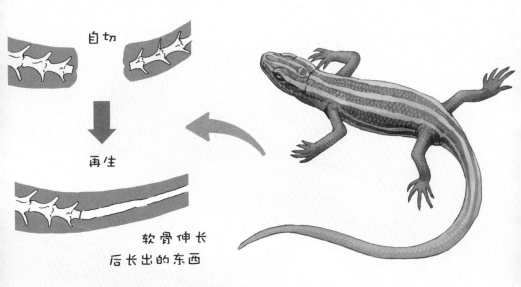

自切

再生

软骨伸长
后长出的东西

蜥蜴断掉的尾巴不会恢复成原来的样子

蜥蜴自断其尾的行为称作"自切"。可能你会以为，自切是把骨与骨之间的关节整个切割掉，但其实蜥蜴每根骨头中间都有一个名叫"自切面"的切割面。

在"自切面"的结构下，蜥蜴的尾巴可以被截断，骨头就像用旧了的小刀一样可以轻易折断。

自切发生时，周围的肌肉会突然收缩，帮助止血。

过不了多久，蜥蜴的尾巴会重新长出来，但新长出来的尾巴与原来的并不相同。**新尾巴的骨头全部被置换成了软骨。**

> **蜥蜴（爬行纲有鳞目蜥蜴亚目动物的统称）**
> 爬行动物中种类最多的物种，约有 6500 多个不同的种类。蜥蜴的同类中也有变色龙、伞蜥等不会自断尾巴的品种。

注 蝾螈（两栖动物）与蜥蜴十分相似，不过蝾螈的再生能力非常高，它们的尾巴、前后腿和眼睛失去后都能完全再生。

能够缩成球形的

犰狳其实不多

骨骼解析

只有两种犰狳能
将身体完全缩成球形

利用横带连接处弯曲身体

犰狳的盔甲具有极高的防御能力，甚至能将子弹弹回。它们的盔甲由形成于肌肉和皮肤之间的骨头"皮膜骨"构成。鳄鱼和蜥蜴的身上也能见到类似的"皮膜骨"。

犰狳一旦遇袭，就会利用横带的连接处弯曲身体，将身体缩成球状保护自己。但是，并非所有的犰狳都能完全缩成球形。

全球约有 20 种犰狳，能将身体缩成球形的只有利用三条横带缩成一团的巴西三带犰狳和拉河三带犰狳两种而已。（部分个体可能有 2~4 条横带。）其他品种的犰狳也能蜷缩身体，但不能缩成完美的球形。

> 犰狳（哺乳纲异关节总目有甲目犰狳科动物的统称）
> 拥有板状的鳞甲。犰狳与食蚁兽、树懒属于近亲关系，虽然它们的身形样貌并不太相像。

注 犰狳一天要睡 16~18 个小时。它们通常在巢穴中安眠。动物园中的犰狳偶尔会仰面躺在地上睡觉。

龙王鲸曾被误认为是巨型爬行动物

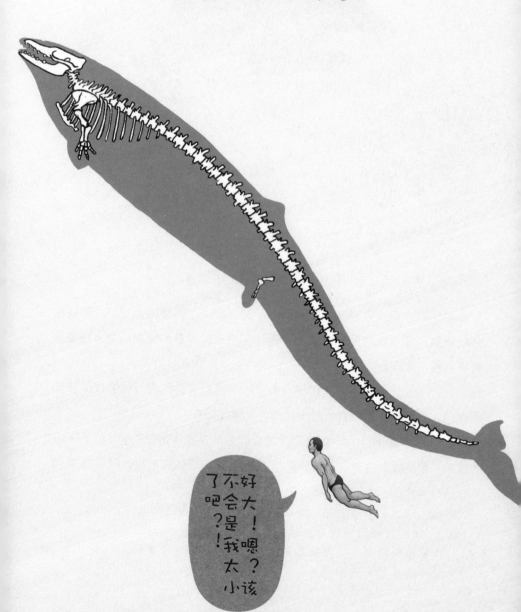

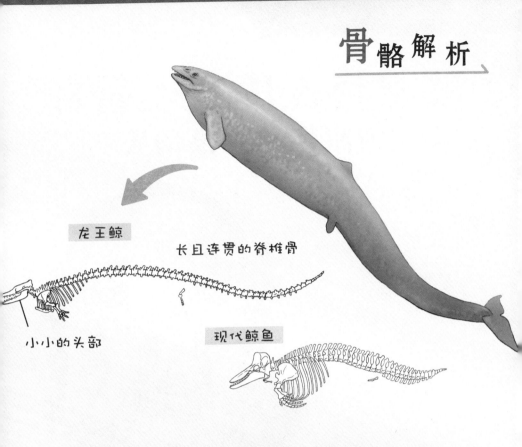

龙王鲸

长且连贯的脊椎骨

小小的头部

现代鲸鱼

巨型爬行动物的真实身份其实是原始鲸鱼?!

龙王鲸是生活在距今约 4000 万~3400 万年前的巨型生物,它们的化石被发现时,人们误以为它们是巨型爬行动物的一种,所以在命名时借用了古希腊语中表示帝王的"basileus"和表示蜥蜴的"sauros"两词,合成为"Basilosaurus",即帝王蜥蜴。

但后来研究发现,龙王鲸其实属于原始鲸类。确定其属于鲸类后,又有人改称其为"械齿鲸(Zeuglodon)"。

龙王鲸与现代鲸鱼不同,它们身体长达 20 米,像蛇一样巨大且修长,而且有鳍。据说它们游不了太远,通常只能在浅滩附近弯曲身体游动。

> 龙王鲸(古鲸亚目龙王鲸科龙王鲸亚科的灭绝种)
> 原始鲸鱼。化石在北美、英格兰、巴基斯坦、埃及等地有发现。

注 龙王鲸虽已灭绝,但近来称其仍存活于世的说法甚嚣尘上。还有人认为巨蛇状的未确认生物体(UMA)"大海蛇"的真实身份就是龙王鲸。

独眼巨人库克罗普斯
的原型是大象的头

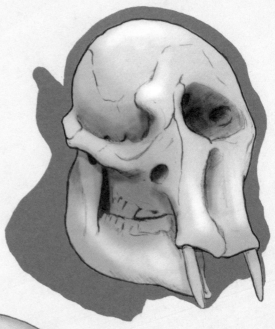

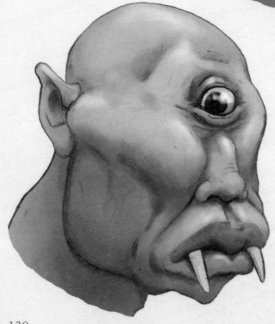

我戴着面具呢

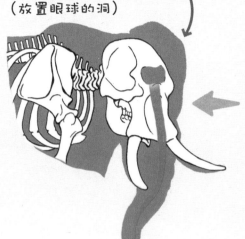

有人解释称这里是独眼巨人库克罗普斯的眼窝（放置眼球的洞）

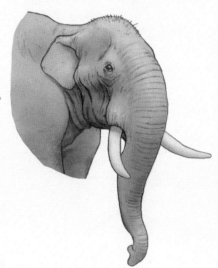

古希腊人靠骨头想象出独眼巨人的样子

库克罗普斯是希腊神话中的独眼巨人。虽然只活在传说中，但**据说他的真实身份很可能是大象。**

我们一起从正面观察一下大象的头盖骨吧。象鼻由上唇和鼻子伸长后的肌肉组成，象鼻上并没有骨骼。象鼻的根部位于脸的正中心，上面有一个大大的洞。**古希腊人可能就是看到了大象有个大洞的头盖骨，误以为这是一个恐怖的独眼巨人。**

在地中海上的马耳他岛和克里特岛上，出土了很多欧洲矮象（小型象）的骨头化石。这些象在史前就已灭绝，古希腊人看到这些骨头化石后，无法了解它们实际的样貌，只能通过想象来猜测它们的样子。

欧洲矮象（哺乳纲长鼻目象科灭绝种）

受岛屿法则影响而矮小化后的象种。"岛屿法则"学说认为，由于孤岛资源有限，身形巨大的动物为了能在孤岛生存，会主动进化让自己身形变小。

注 欧洲矮象是一种肩高只有 90 厘米的矮象。据说因为住在小岛上，所以身形比较小。

泳裤大叔系列

泳裤大叔为我们比较了人类与各种动物的骨骼。

这些姿势分别模仿的是哪种动物，大家知道吗？

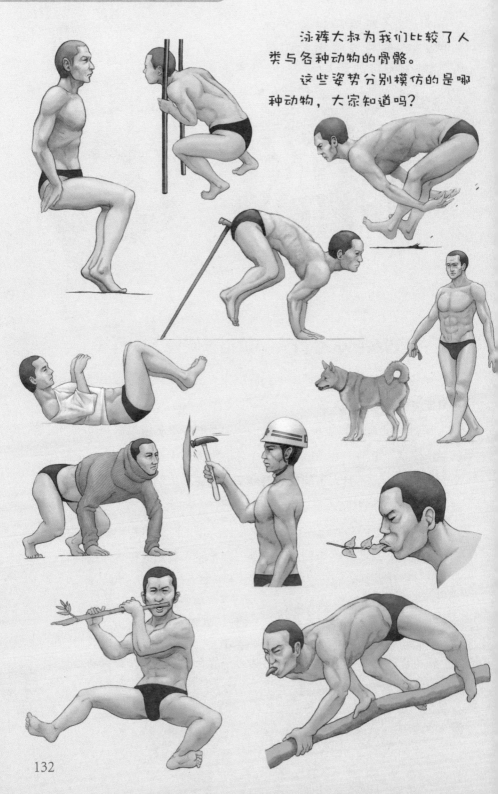

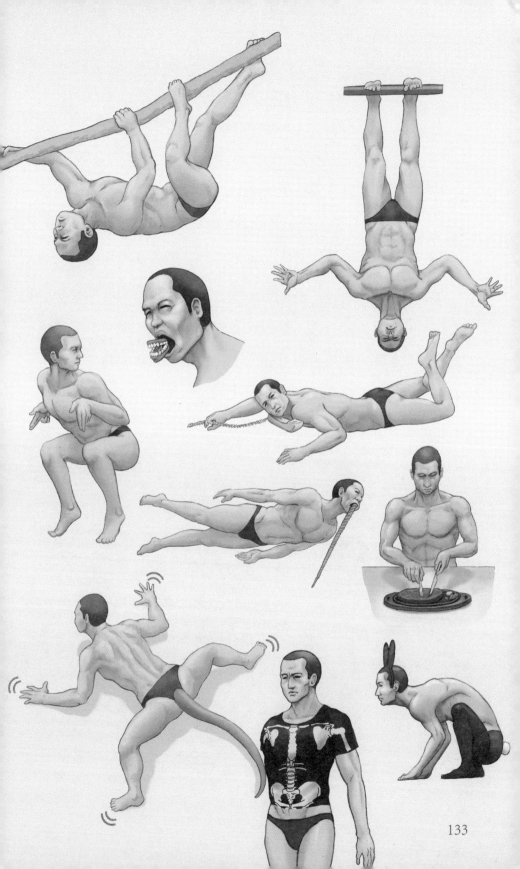

后 记

本书中描绘的所有人物插画，主人公都是一个穿着寸头泳裤的大叔。可能很多读者会疑惑，作者为什么会选择这种方式。

虽然可能没必要特意在此做出解释，但本书的执笔和插画都是由我负责，我想简单说说。寸头泳裤大叔是所有人物插画中最简单最好画的一类，原因仅此而已。其实，早在本书开始策划很久之前我就想，如果让人类按照动物骨骼的样子做出各种动作，或许能帮助我们更好地理解动物的身体结构。于是我就用寸头泳裤大叔做模特尝试作画，画好后随即发布在博客和社交平台上，没想到这一系列广受网友好评。后来以此为契机，本书进入了策划阶段。

感谢编辑提供给我这次宝贵的机会。在书籍制作的过程中，我收获了许多建议，非常感谢。另外，动物科学传播者大渊希乡先生除了负责审订之外，在动物的选择和写作方面也对我多有助益。特此诚挚感谢。

川崎悟司